中国煤炭清洁利用资源评价丛书

煤炭清洁利用资源评价方法

Resource Evaluation Method of Clean Utilization of Coal in China

中国煤炭地质总局

秦云虎 等 著

科学出版社

北 京

内 容 简 介

本书详细介绍了煤炭清洁利用资源评价方法，内容包括清洁用煤调查资料收集技术要求、1∶25 万清洁用煤专项、矿井地质调查技术要求、清洁用煤样品测试技术方法、煤质评价指标体系、资源潜力评价方法及调查综合编图技术要求等，其中对样品测试技术方法、煤质评价指标体系作了重点介绍。

本书可供从事煤炭地质调查、煤炭清洁利用的科研人员、管理人员及相关专业的师生参考。

图书在版编目(CIP)数据

煤炭清洁利用资源评价方法 = Resource Evaluation Method of Clean Utilization of Coal in China / 秦云虎等著. —北京：科学出版社，2023.12

（中国煤炭清洁利用资源评价丛书）

ISBN 978-7-03-072352-9

Ⅰ. ①煤… Ⅱ. ①秦… Ⅲ. ①清洁煤-煤炭资源-资源评价-中国 Ⅳ. ①F426.21

中国版本图书馆 CIP 数据核字(2022)第 087077 号

责任编辑：吴凡洁 崔元春 / 责任校对：王萌萌
责任印制：赵 博 / 封面设计：蓝正设计

科学出版社 出版

北京东黄城根北街 16 号
邮政编码：100717
http://www.sciencep.com

北京华宇信诺印刷有限公司印刷
科学出版社发行 各地新华书店经销
*

2023 年 12 月第 一 版 开本：787×1092 1/16
2025 年 2 月第三次印刷 印张：8 1/4
字数：193 000

定价：98.00 元
（如有印装质量问题，我社负责调换）

本书编委会

主　　　　编：秦云虎

编　　　　委：秦云虎　吴国强　朱士飞　张谷春

王双美　张　静　何建国　乔军伟

张建强　李聪聪　张　宁　黄少青

煤炭是我国的基础能源，在我国能源结构中的重要地位在长时期内不会发生根本的改变，这是由我国煤炭资源相对丰富、安全可靠、经济优势明显、可清洁利用等特点所决定的。煤炭清洁高效利用是我国煤炭工业的发展方向，也是 21 世纪解决能源、资源和环境问题的重要途径。国土资源部与国家发展和改革委员会、工业和信息化部、财政部、环境保护部、商务部共同发布的《全国矿产资源规划(2016—2020 年)》提出了严控煤炭增量、优化存量、清洁利用的要求，明确"十三五"时期要积极推进煤炭资源从燃料向燃料与原料并重转变，促进煤炭分级分质和清洁利用。

煤炭清洁高效利用的可能性取决于煤炭"质量"特征，煤炭地质研究和资源评价是煤炭清洁高效利用的基础工作和前提条件。"中国煤炭清洁利用资源评价"丛书的编写以中国地质调查局地质调查二级项目"特殊用煤资源潜力调查评价"为基础，充分反映我国煤质评价和煤炭清洁利用的最新研究成果，由中国煤炭地质总局组织下属单位(江苏地质矿产设计研究院、中国煤炭地质总局勘查研究院、中国煤炭地质总局航测遥感局、中国煤炭地质总局第一勘探局、中国煤炭地质总局青海煤炭地质局)、中国矿业大学(北京)和中国地质调查局发展研究中心的有关专家和技术人员共同完成。

开展"全国特殊用煤资源潜力调查评价"是 2016～2018 年中国煤炭地质总局的重点工作。该研究总体以煤炭资源清洁高效利用为目标，以煤质评价理论为指导，以液化用煤、气化用煤、焦化用煤和特殊高元素煤等特殊用煤资源潜力调查评价为工作重点，充分利用中国煤炭地质总局 60 余年来的资料积累，并吸收近些年在煤岩、煤质、煤类和煤系矿产资源方面开展的科研和调查工作，全面开展特殊用煤资源潜力调查评价工作。在山西、陕西、内蒙古、宁夏、新疆等煤炭资源大省针对《全国矿产资源规划(2016—2020 年)》中 162 个煤炭规划矿区开展液化、气化、焦化等特殊用煤资源潜力调查评价。主要研究内容如下：

1. 特殊用煤资源评价指标体系和评价方法

以赋煤区—赋煤亚区—赋煤带—煤田—矿区为单元，从宏观煤岩、微观煤岩、煤的化学性质、煤的物理性质、煤的工艺性质、煤中元素等方面开展系统研究，分析不同煤质特征煤炭资源的特殊工业用途。结合目前我国主要液化示范区、气化用煤主要企业对煤质的要求及发展趋势，分析现有评价指标存在的不足，提出一套适合我国现有技术条件下煤炭液化、气化、焦化的综合评价体系，并跟踪煤液化、气化、焦化技术发展对煤质要求的变化，建立液化用煤、气化用煤、焦化用煤指标动态评价体系，并编制了《煤炭资源煤质评价导则》，深化了对我国煤炭资源质量特征的认识，为开展特殊用煤资源调查评价提供了技术方法依据。充分考虑煤炭的煤质特征和煤化工工艺发展需求，对煤炭资源按照一定顺序和原则开展资源评价，划分可以满足不同煤炭清洁高效利用需求的、可以"专煤专用"的特殊用煤资源，构建了《特殊用煤资源潜力调查评价技术要求（试行）》。

2. 特殊用煤赋存规律与控制因素评价

紧密跟踪国内外有关煤炭液化、气化、焦化工艺进展和利用技术发展，有机结合煤地质学、煤地球化学、煤工艺学和环境科学等学科内容，采用各类现代精密测试分析技术，研究不同地质时代、不同大地构造背景、不同成煤环境的特殊用煤时空分布特征，探讨成煤母质、沉积环境、盆地构造-热演化对煤岩、煤质和煤类的影响，查明不同特殊用煤的赋存特征及其控制因素，划分特殊用煤成因类型，揭示不同成因类型清洁用煤资源的时空分布规律，为全面、科学地评价我国特殊用煤资源提供理论依据。

3. 液化、气化、焦化用煤资源潜力调查

在节能减排和经济可持续发展的要求下，优质煤特别是优质煤化工用煤具有重要的应用前景。在"全国煤炭资源潜力评价"的基础上，充分融合近20年新的煤炭地质资料和勘查成果，采用地质调查、采样测试、专题研究等技术方法，按国家煤炭规划矿区—赋煤区—全国三个层面开展特殊用煤调查和研究。以国家煤炭规划矿区内井田（勘查区）为单元，从焦化用煤、气化用煤、液化用煤三个角度进行分级评价，运用科学的方法估算并统计了1000m以浅特殊用煤的保有资源量/储量，厘定我国五大赋煤区液化、气化、焦化用煤资源的时代分布特征、空间分布规律等，摸清了我国清洁用煤资源家底。确定了可供规模开发利用的特殊用煤资源战略选区，提出合理开发利用的政策建议，为国家统筹规划煤炭资源勘查开发与保护利用提供了依据。

4. 全国煤质基础数据库建设

利用地理信息系统技术、大型数据库技术等先进技术手段，在统一的液化、气化、焦化用煤资源信息标准与规范下，收集、整理液化、气化、焦化用煤资源潜力调查评价属性和图形数据，统一属性和图形数据格式，初步建立全国液化、气化、焦化用煤资源潜力调查评价数据库，搭建特殊用煤资源信息有效利用的科学平台，为各级管理部门以及其他用户提供实时、高有序度的资源数据及辅助决策支持。

为使研究成果更具科学性，成书过程中将项目中采用的"特殊用煤"术语改为"清洁用煤"。这套丛书是"特殊用煤资源潜力调查评价"项目组集体劳动的结晶，包括五本全国范围专著，即《中国煤炭资源煤质特征与清洁利用评价》（宁树正等著）、《中国主要煤炭规划矿区煤质特征图集》（宁树正等著）、《煤炭清洁利用资源评价方法》（秦云虎等著)、《清洁用煤赋存规律及控制因素》(魏迎春、曹代勇等著)、《中国焦化用煤煤质特征与资源评价》(朱士飞等著),并有多本省区级煤炭煤质特征与清洁利用资源评价专著同时出版。从整体上看,这套丛书是对以往煤炭沉积环境、聚煤规律、潜力评价等方面著作的进一步升华,高度集中和概括了全国各主要煤矿区煤岩、煤质研究和资源调查评价的研究成果,把数十年来的煤炭资源调查和煤岩、煤质评价有机结合,在 162 个煤炭规划矿区圈定了以煤炭清洁利用为目标的特殊用煤资源分布区,使得煤炭资源在质量评价上达到了新的高度,为下一步煤炭地质工作指明了方向。因此,丛书对当今以利用为导向的煤炭地质勘查、科研、教学有重要的参考价值。

本丛书是在中国煤炭地质总局及下属单位各级领导的关心和支持下撰写完成的,项目研究工作得到中国地质调查局相关部室和油气资源调查中心的指导,资料收集和现场调查得到各省区煤田(炭)地质局和各煤炭企业的大力协助。感谢中国神华煤制油化工有限公司李海宾主任,内蒙古中煤远兴能源化工有限公司杨俊总工程师,兖州煤业榆林能化有限公司甲醇厂曹金胜总工程师,冀中能源峰峰集团有限公司王铁记副总工程师,神华宁夏煤业集团公司万学锋高级工程师和黑龙江龙煤鹤岗矿业有限责任公司吕继龙高级工程师在资料收集和野外调研中给予的帮助和支持。感谢中国地质调查局发展研究中心谭永杰教授级高工、刘志逊教授级高工、中国矿业大学秦勇教授、傅雪海教授等专家学者在专题研究、评审验收过程中给予的指导和帮助,中国煤炭地质总局副局长兼总工程师孙升林教授级高工、副局长潘树仁教授级高工对项目开展及丛书撰写给予了大力支持,在此一并致谢!

借本丛书出版之际,作者感谢曾给予支持和帮助的所有单位和个人!

前言

　　"特殊用煤资源潜力调查评价"是中国地质调查局"油气基础性、公益性地质调查"下属工程"新能源矿产调查工程"的二级项目，由中国煤炭地质总局组织下属单位(江苏地质矿产设计研究院、中国煤炭地质总局勘查研究总院、中煤航测遥感集团有限公司、中国煤炭地质总局第一勘探局、中国煤炭地质总局青海煤炭地质局)、中国矿业大学(北京)和中国地质调查局发展研究中心的有关专家和技术人员历时三年共同完成。"中国煤炭清洁利用资源评价"丛书的编写以"特殊用煤资源潜力调查评价"项目为基础，充分反映我国煤质评价和煤炭清洁利用的最新研究成果。而《煤炭清洁利用资源评价方法》是该系列丛书之一。

　　本书对清洁用煤调查资料收集、整理和存档提出具体要求，对 1∶25 万清洁用煤专项地质调查和 1∶25 万清洁用煤矿井地质调查的工作依据、主要内容、工作方法、技术要求分别展开论述。

　　本书首次提出清洁用煤样品测试技术方法和煤质评价指标体系。对采集的煤样进行混合测试，按照各类用煤技术条件中的煤质技术要求，结合本书提出的清洁用煤指标体系中的测试项目，对煤样进行项目测试，建立了系统可操作的清洁用煤样品测试技术方法；通过对国内主要煤制油气企业的广泛调研，收集清洁用煤指标相关研究成果，在全国 2600 余件清洁用煤及高元素煤样品测试分析的基础上，经多次研讨及修改，制定了清洁用煤煤质评价指标体系。

　　本书在系统收集分析煤田地质勘查报告、煤矿储量核实报告等资料的基础上，采用地质调查、采样测试、综合编图等技术方法，从资源特征评价其开发利用潜力，分类统计清洁用煤资源储量，摸清全国清洁用煤资源家底，为促进生态文明建设及清洁用煤资源高效合理利用提供科学依据。在汇总全国重点矿区焦化用煤、直接液化和气化用煤资源分布及远景区划等成果的基础上，编制反映全国不同类型清洁用煤资源分布情况的概略性图件。

　　本书的撰写是在中国煤炭地质总局及兄弟单位各级领导的关心和支持下完成的，项目研究工作得到中国地质调查局相关部室和油气资源调查中心的指导，资料收集和现场调查得到各省(自治区)煤田(炭)地质局和各煤炭企业的大力协助。感谢中国神华煤制油化工有限公司、陕西煤业化工集团神木煤化工产业有限公司、内蒙古中煤远兴能源化工有限公司、兖州煤业榆林能化有限公司甲醇厂、冀中能源峰峰集团有限公司在资料收集和野外调研中给予的帮助和支持。感谢中国矿业大学秦勇教授、李壮福副教授等专家学者在专题研讨过程中给予的指导和帮助。借本书出版之际，作者感谢曾给予支持和帮助的所有单位和个人！

秦云虎

2023 年 1 月

目录

第一章

清洁用煤调查资料收集技术要求

中华人民共和国成立以来，通过广大地质工作者的艰苦努力，取得了一大批重大的地质成果，同样，煤炭系统也积累了大量的生产、勘探资料。开展了对华北、华南、鄂尔多斯盆地等多个区域聚煤规律的研究，对我国主要成煤期的含煤地层、构造、沉积、煤岩煤质等进行了分析，系统研究了主要盆地聚煤规律和我国聚煤作用的演化，特别是近期完成的"全国煤炭资源潜力评价"，对我国煤炭资源勘查开发、资源潜力及供需保障进行了系统分析研究。目前的各项煤炭地质工作离不开上述地质资料、地质成果的积累，因此，地质资料的收集显得尤为重要。

第一节　资料收集基本要求

为了扎实、全面地收集资料，必须加强、重视资料收集工作，指派专人负责这项工作，采取措施支撑这项工作，必须依靠各种可以依靠的途径，争取多方支持，多方面和多渠道收集各种地质资料。

广泛收集煤炭、地矿、石油、地震等系统的地质、地球物理、遥感、矿产勘查资料，以及地层、沉积、构造、岩浆和变质作用等专题研究成果，尤其是原地质矿产部煤炭资源远景调查，原煤炭工业部第三次全国煤田预测，最新的全国煤炭资源潜力评价、勘查，生产资料及专题研究成果。其中以煤田勘查和煤矿生产资料为主。主要包括以下资料。

一、区域地质调查成果资料

1. 主要矿区的 1：20 万区域地质调查成果报告；
2. 主要矿区的 1：25 万区域地质调查成果报告；
3. 主要矿区的 1：5 万区域地质调查成果报告。

二、区域遥感调查成果资料

(一)1：1万~1：10万重点矿区航空遥感资料

(1)重点矿区1：1万~1：10万航空遥感图件；

(2)重点矿区航空遥感地质填图报告；

(3)重点矿区航空遥感解译成果图件及资料。

(二)航天遥感资料

(1)重点矿区1：25万卫星遥感影像数据；

(2)涵盖的重点矿区区域性遥感地质调查报告(1：25万)；

(3)重点矿区大比例尺遥感地质调查报告；

(4)重点矿区航天遥感解译资料及其他专题性矿区规划等资料。

三、煤田勘查资料

中华人民共和国成立以来，煤炭地质单位累计完成多幅各种比例尺地质填图，开展大量的机械岩心钻探、煤田地震、电法等工作，提交大量的地质勘查报告，尤其是近几年，煤炭地质勘查成果突出，提交了大量的地质报告。

收集的主要内容：

(1)重点勘查区的勘查报告(文字报告、主要图件及附表等)。

(2)各省(自治区、直辖市)煤炭地质勘查进展情况。在各省煤炭资源潜力评价报告的基础上，按照表1-1格式填写。主要内容包括矿区名称、所属行政区划、勘查程度、勘查区名称、面积、主要煤类、累计查明资源储量、保有资源储量、储量及资源量等，详细的内容见表1-1及填写说明。

(3)重点矿区(重点采样的矿区)勘查报告的钻孔资料。主要包括经纬度坐标、主要煤层的化验测试等基础资料。主要内容参照"全国煤炭资源潜力评价"(表1-2)。

四、原地质矿产部全国煤炭资源远景预测工作

(一)全国性的成果

《中国煤炭资源总论》《中国的含煤地层》《中国煤盆地构造》《中国主要聚煤期沉积环境与聚煤规律》《中国煤的煤岩煤质特征及变质规律》等。

(二)各省(自治区、直辖市)的成果

(1)各省(自治区、直辖市)煤炭资源远景调查和煤田预测报告；

(2)重点远景区及各省(自治区、直辖市)的重要科研成果；

(3)新疆准噶尔、吐鲁番-哈密盆地早-中侏罗世成煤环境与聚煤规律研究；

表 1-1　全国煤炭资源勘查开发现状统计表

矿区	县(市)	勘查区(矿)井名称	成煤时代	勘查程度/开发状况	面积/km²	利用情况	主要煤类	累计查明资源储量/万t	保有资源储量/万t	储量/万t	资源量/万t	矿井类别	核定(设计)生产能力/万t	2015年产量/万t	备注
				生产矿井											
				在建矿井											
				勘探											
				详查											
				普查											

注：矿区-所属矿区名称；县(市)-矿区所在的行政县(市)；勘查区(矿)井名称-生产矿井或者在建矿井或者在建矿井的名称或者勘查区的名称；成煤时代-所在勘查区或者矿井的煤的形成时代；勘查程度/开发状况-勘查程度填其勘探、详查、普查，开发状况填生产矿井及在建矿井为已利用，勘查阶段为未利用；面积-生产矿井或者在建矿井或者勘查区在建矿井所占井田范围，或者勘查区的面积，面积以字母表示；主要煤类-如褐煤填写"HM"，长焰煤填写"CY"，不黏煤填写"BN"，弱黏煤填写"RN"，1/2中黏煤填写"1/2ZN"，气煤填写"QM"，气肥煤填写"QF"，肥煤填写"FM"，1/3焦煤填写"1/3JM"，焦煤填写"JM"，瘦煤填写"SM"，贫瘦煤填写"PS"，贫煤填写"PM"，无烟煤填写"WY"；累计查明资源储量-经过各类地质工作的累计探获资源储量(包括勘探、详查、普查)；保有资源储量-指查明资源储量扣除生产矿井已经消耗的资源储量，储量-指经济可采的资源储量；资源量-指矿产资源勘查查明并经概略研究，预期可经济开采的资源储量；储量-指查明资源储量中经过可行性研究和预可行性研究认为属于经济的部分，包括可信储量和证实储量；探明的，探明所获储量控制的，探明所获控制的资源量，推断资源量，控制资源量，推断资源量，探明资源量；矿井类别-指采用井工、露天或其他开采方式；核定(设计)生产能力-以设计生产能力为准；2015年产量-2015年产煤数量；备注-请填写矿区的实际坐标及矿区范围的拐点坐标(经纬度坐标)。

表 1-2 勘查开发资料一览表

省(自治区、直辖市)	矿区名称	报告名称	提交时间	完成单位	备注(注明纸质、电子及扫描)
		勘查报告			
		生产报告			
		勘查报告			
		生产报告			
		勘查报告			
		生产报告			

(4)内蒙古早白垩世成煤环境与聚煤规律研究;

(5)贵州晚二叠世煤田地质研究;

(6)四川东部晚二叠世近海煤田地质特征与聚煤规律。

五、第三次全国煤田预测

1992～1997 年,煤炭工业部组织开展了第三次全国煤田预测,所得成果包括以下几个方面。

(一)全国性成果

(1)第三次全国煤田预测研究报告;

(2)1:200 万中国煤田地质图及中国煤炭资源分布图;

(3)有关含煤地层、聚煤规律、后期构造变形、煤质等专著。

(二)各省(自治区、直辖市)的成果

(1)各省(自治区、直辖市)煤炭资源预测报告;

(2)各省(自治区、直辖市)1:50 万或 1:100 万煤田地质图、构造与煤田分布图、煤田预测图。

六、全国煤炭资源潜力评价

2007～2013 年,国土资源部启动了重大项目"全国矿产资源潜力评价","全国煤炭资源潜力评价"属于其中的一个工作项目,该项目历经 7 年,所得成果如下。

(一)全国性成果

1. 文字报告

(1)"全国煤炭资源潜力评价"报告;

(2)《中国含煤地层的多重划分与对比》;

(3)《中国含煤岩系沉积环境及聚煤规律》;

(4)《中国煤田构造格局与构造控煤作用研究》；

(5)《中国煤质特征分布规律》；

(6)《中国煤炭资源勘查开发现状与远景评价》。

2. 图件

(1)中国煤田地质图(1∶250万)；

(2)中国煤田构造图(1∶250万)；

(3)中国煤类分布图(1∶250万)；

(4)中国煤炭资源勘查开发现状图(1∶250万)；

(5)中国煤炭资源潜力评价图(1∶250万)；

(6)中国煤炭资源预测图(1∶250万)；

(7)中国煤炭资源勘查开发部署图(1∶250万)；

(8)中国主要煤矿区勘查程度图(1∶500万)；

(9)中国主要煤矿区开发程度图(1∶500万)；

(10)中国主要煤矿区资源保障程度图(1∶500万)。

（二）各省（自治区、直辖市）的成果

(1)各省（自治区、直辖市）煤炭资源预测报告；

(2)各省（自治区、直辖市）1∶50万或1∶100万煤田地质图、构造与煤田分布图、勘查开发现状图及煤田预测图。

七、煤炭生产资料

主要包括煤矿生产勘探、采区地震、矿井地质报告等。

主要内容包括矿区名称、所属行政区划、矿井编码、利用情况、矿井名称、面积、主要煤类、累计查明资源储量、保有资源量、储量、资源量、矿井类别、矿井核定（设计）生产能力等，详细的资料收集内容见表1-1、表1-3、表1-4。

表 1-3　资料收集目录一览表

省(自治区、直辖市)	矿区资料说明	报告名称(含附表)	图件名称(含比例尺)	提交时间	完成单位	备注(注明纸质、电子及扫描)
	区域地质调查					
	区域地球物理					
	遥感					
	物探					
	地质勘查					
	煤炭生产					
	煤炭资源预测					

表 1-4 煤质成果资料收集一览表

省（自治区、直辖市）	矿区	勘探区（井田）	钻孔号（采样点）	煤层编号	煤层厚度/m	煤层底板深度/m	成煤时代	钻孔（采样点）坐标			原煤浮煤	煤类	数据来源
								X	Y	Z			

工业分析

全水分 M_t/%	M_{ad}/%	A_d/%	V_{daf}/%

发热量

$Q_{b,ad}$/(MJ/kg)	$Q_{net,d}$/(MJ/kg)	$Q_{gr,d}$/(MJ/kg)

焦渣特征（1-8）	固定碳 FC/%	$CO_{2,d}$/%

元素分析

C_{daf}/%	H_{daf}/%	O_{daf}/%	N_{daf}/%

各种形态硫

全硫 $S_{t,d}$/%	$S_{p,d}$/%	$S_{s,d}$/%	$S_{o,d}$/%	磷 P_d/%

灰成分

SiO_2/%	Al_2O_3/%	Fe_2O_3/%	CaO/%	MgO/%	SO_3/%	TiO_2/%	MnO_2/%	P_2O_5/%	K_2O/%	Na_2O/%

灰熔融性

DT/℃	ST/℃	HT/℃	FT/℃

胶质层指数

黏结指数 $G_{R,I}$	哈氏可磨性指数 HGI	X/mm	Y/mm	曲线型

煤对 CO_2 反应性/%

750℃(褐煤)	800℃	850℃	900℃	950℃	1000℃	1050℃	1100℃

低温干馏

焦油产率 Tar_d/%	干馏总水分产率 $Water_d$/%	半焦产率 $Coke_d$/%	气体/%	焦型（格金干馏）

煤的自燃性

着火点/℃	氧化还原原样	火焰长度/mm	有无爆炸性	岩粉量%

自燃倾向	自燃等级（Ⅰ、Ⅱ、Ⅲ）	吸氧量/(cm³/g)	热稳定性 TS/%

落下强度/%	成浆浓度/%

镜质组反射率/%

平均最大反射率 $\bar{R}_{o,max}$	平均随机反射率 $\bar{R}_{o,ran}$

煤的显微组分

去矿物基镜质组组分/%	壳质组	惰质组	其他

无机组分

黏土矿物	硫化物类	碳酸盐类	氧化硅	其他

含矿物基/%

稀散及有害元素

Ge/(μg/g)	Ga/(μg/g)	U/(μg/g)	Be/(μg/g)	V/(μg/g)	Th/(μg/g)	Pb/(μg/g)	Cl/%	F/(μg/g)	As/(μg/g)	P/%

苯萃取物

腐植酸率/%	透光率/%	$E_{B,d}$/%

碳酸盐 CO_2 含量/%

奥阿膨胀/%

CSN	收缩度 a	膨胀度 b

罗加黏结指数	坩埚膨胀序数

视相对密度 ARD/(g/cm³)　真相对密度 TRD/(g/cm³)

结渣率/% 0.1 m/s	0.2 m/s	0.3 m/s

注：M_{ad}-水分；A_d-灰分；V_{daf}-挥发分；$Q_{gr,d}$-干燥基高位发热量；$Q_{b,ad}$-空气干燥基弹筒发热量；$Q_{gr,d}$-干燥基恒容高位发热量；$Q_{net,d}$-干燥基低位发热量；$S_{t,d}$-全硫；$S_{s,d}$-硫酸盐硫；$S_{p,d}$-硫铁矿硫；$S_{o,d}$-有机硫；下标 daf-干燥无灰基；下标 d-干燥基；下标 ad-空气干燥基。
度；ST-软化温度；HT-半球温度；FT-流动温度；DT-变形温度。

八、科研成果

主要包括研究单位、大专院校、地质单位、煤炭企业开展的关于地层、沉积、构造、岩浆、变质用等专题研究成果。

第二节 资料整理与存档

为使收集的各类地质资料发挥最大的作用，必须加强资料整理工作。

一、资料分类

根据资料的性质和用途，主要将其分为以下 7 个类别：①区域地质调查；②区域地球物理；③遥感；④物探；⑤地质勘查；⑥煤炭生产；⑦煤炭资源预测。详细资料清单填写见表 1-3。

二、资料整理

为便于使用，按资料类别登记造册、装订，创建收集资料目录备案存档。进一步对收集的资料进行审查，保证基础资料的完整性和可信度，提高调查研究的工作质量。

三、存档

(1)指定专人负责资料保管工作。资料的保管、存档工作需符合有关规定要求。

(2)收集的原始资料可分为文本(文字报告)、数字(数据表格)、图件(图形图像)三种主要形式，资料载体类型主要为纸质和电子版(数据库或不同格式文件)两种形式。对于电子版资料，可直接保存文件或载入基础数据库。对于纸质资料，除保存原件或复印件之外，还应进行扫描，保存电子版文件，有条件的地方，可对图件进行矢量化、统一转换为 MAPGIS 图形格式，建立空间数据库，录入建立属性数据库。

第二章

1：25 万清洁用煤专项地质调查技术要求

全国清洁用煤国情调查要坚持"全面铺开，重点突破"的原则。首先要"全面铺开"，摸清全国清洁用煤资源现状；其次要"重点突破"，针对清洁用煤分布的典型地区开展系统的基础地质调查，摸清清洁用煤资源形成的控制条件和分布规律。将开展 1：25 万清洁用煤专项地质调查和 1：25 万清洁用煤矿井地质调查这两项地面地质工作相结合是清洁用煤资源潜力调查评价手段之一。

在典型矿区部署 1：25 万清洁用煤专项地质调查，开展面积性调查工作，可通过系统调查和系统采样，摸清典型矿区含煤地层在平面和垂向上的沉积及成煤演化、煤岩煤质在平面和垂向上的变化规律，掌握清洁煤炭资源的形成控制因素。

第一节　专项地质调查工作依据、主要内容

一、工作依据

专项地质调查工作主要依据现有的煤炭勘查、采样、煤质评价等标准规范、规定章程，具体见表 2-1。

表 2-1　专项地质调查工作依据

序号	规范名称
1	《煤层煤样采取方法》(GB/T 482—2008)
2	《固体矿产勘查地质资料综合整理综合研究技术要求》(DZ/T 0079—2015)
3	《矿产地质勘查规范 煤》(DZ/T 0215—2020)
4	《煤田地质填图规范(1：50000　1：25000　1：10000　1：5000)》(DZ/T 0175—2014)
5	《固体矿产勘查原始地质编录规程》(DZ/T 0078—2015)
6	《区域地质调查规范(1：250000)》(DZ/T 0257—2014)

续表

序号	规范名称
7	《煤炭资源勘查煤质评价规范》(MT/T 1090—2008)
8	《煤炭资源勘探煤样采取规程》

二、目的任务、工作内容

(一)目的任务

通过清洁用煤资料(煤质、煤类等)的综合分析,调查重点矿区内地层、构造、煤层、煤质、煤炭资源/储量,并综合整理分析特殊用煤的成煤条件、控煤构造、分布特征及资源条件。

(二)调查单元

以《全国矿产资源规划(2016—2020年)》批复的矿区为单元(表2-2),以矿区内生产矿井为主要调查点,兼顾已开展普查、详查和勘探工作的煤田勘查区块。重点了解井田基本地质、构造及煤层煤质情况,摸清矿区清洁用煤资源分布特征及资源潜力。

表 2-2　国家规划矿区(煤炭,162个)

序号	名称	位置	序号	名称	位置
1	开滦矿区	河北唐山市	18	晋城矿区	山西晋城市
2	邯郸矿区	河北邯郸市	19	潞安矿区	山西长治市
3	邢台矿区	河北邢台市	20	阳泉矿区	山西阳泉市、晋中市
4	峰峰矿区	河北邯郸市	21	汾西矿区	山西晋中市、吕梁市
5	平原矿区	河北廊坊市、沧州市	22	石隰矿区	山西吕梁市、临汾市
6	大同矿区	山西大同市、朔州市	23	武夏矿区	山西长治市、晋中市
7	轩岗矿区	山西忻州市	24	五九矿区	内蒙古呼伦贝尔市
8	岚县矿区	山西太原市、忻州市、吕梁市	25	准哈诺尔矿区	内蒙古锡林郭勒盟
9	平朔矿区	山西朔州市	26	查干淖尔矿区	内蒙古锡林郭勒盟
10	朔南矿区	山西朔州市	27	吉日嘎郎矿区	内蒙古锡林郭勒盟
11	河保偏矿区	山西忻州市	28	哈日高毕矿区	内蒙古锡林郭勒盟
12	西山矿区	山西太原市、吕梁市	29	赛汗塔拉矿区	内蒙古锡林郭勒盟
13	东山矿区	山西太原市	30	绍根矿区	内蒙古赤峰市
14	霍东矿区	山西长治市、临汾市	31	纳林希里矿区	内蒙古鄂尔多斯市
15	霍州矿区	山西临汾市、晋中市	32	纳林河矿区	内蒙古鄂尔多斯市
16	离柳矿区	山西吕梁市	33	呼吉尔特矿区	内蒙古鄂尔多斯市
17	乡宁矿区	山西临汾市、运城市	34	台格庙矿区	内蒙古鄂尔多斯市

续表

序号	名称	位置	序号	名称	位置
35	新街矿区	内蒙古鄂尔多斯市	68	鸡西矿区	黑龙江鸡西市
36	扎赉诺尔矿区	内蒙古呼伦贝尔市	69	鹤岗矿区	黑龙江鹤岗市
37	胡列也吐矿区	内蒙古呼伦贝尔市	70	双鸭山矿区	黑龙江双鸭市
38	宝日希勒矿区	内蒙古呼伦贝尔市	71	七台河矿区	黑龙江七台河市
39	伊敏矿区	内蒙古呼伦贝尔市	72	淮北矿区	安徽淮北市、宿州市、亳州市
40	五一牧场矿区	内蒙古呼伦贝尔市	73	淮南矿区	安徽淮南市、阜阳市
41	诺门罕矿区	内蒙古呼伦贝尔市	74	巨野矿区	山东菏泽市、济宁市
42	霍林河矿区	内蒙古锡林郭勒盟、通辽市	75	济宁矿区	山东济宁市、泰安市、菏泽市
43	农乃庙矿区	内蒙古锡林郭勒盟	76	黄河北矿区	山东聊城市、济南市、德州市
44	贺斯格乌拉矿区	内蒙古锡林郭勒盟	77	永夏矿区	河南商丘市
45	白音华矿区	内蒙古锡林郭勒盟	78	郑州矿区	河南郑州市、洛阳市
46	高力罕矿区	内蒙古锡林郭勒盟	79	平顶山矿区	河南平顶山市、许昌市
47	道特淖尔矿区	内蒙古锡林郭勒盟	80	义马矿区	河南三门峡市、洛阳市
48	乌尼特矿区	内蒙古锡林郭勒盟	81	焦作矿区	河南焦作市、新乡市、济源市
49	五间房矿区	内蒙古锡林郭勒盟	82	鹤壁矿区	河南鹤壁市、安阳市
50	巴彦胡硕矿区	内蒙古锡林郭勒盟	83	古叙矿区	四川泸州市
51	巴其北矿区	内蒙古锡林郭勒盟	84	筠连矿区	四川宜宾市
52	吉林郭勒矿区	内蒙古锡林郭勒盟	85	六枝黑塘矿区	贵州六盘水市、安顺市
53	白音乌拉矿区	内蒙古锡林郭勒盟	86	普兴矿区	贵州黔西南布依族苗族自治州
54	那仁宝力格矿区	内蒙古锡林郭勒盟	87	黔北矿区	贵州遵义市、毕节市
55	胜利矿区	内蒙古锡林郭勒盟	88	织纳矿区	贵州毕节市
56	准格尔矿区	内蒙古鄂尔多斯市	89	水城矿区	贵州六盘水市
57	准格尔中部矿区	内蒙古鄂尔多斯市	90	发耳矿区	贵州六盘水市
58	神东矿区东胜区	内蒙古鄂尔多斯市	91	盘江矿区	贵州六盘水市
59	万利矿区	内蒙古鄂尔多斯市	92	恩洪矿区	云南曲靖市
60	高头窑矿区	内蒙古鄂尔多斯市	93	镇雄矿区	云南昭通市
61	塔然高勒矿区	内蒙古鄂尔多斯市	94	庆云矿区	云南曲靖市
62	上海庙矿区	内蒙古鄂尔多斯市	95	老厂矿区	云南曲靖市
63	乌海矿区	内蒙古乌海市	96	跨竹矿区	云南红河哈尼族
64	白彦花矿区	内蒙古包头市、巴彦淖尔市	97	小龙潭矿区	云南彝族自治州
65	巴彦宝力格矿区	内蒙古锡林郭勒盟	98	昭通矿区	云南昭通市
66	阜新矿区	辽宁阜新市、锦州市	99	神东矿区神府区	陕西榆林市
67	沈阳矿区	辽宁沈阳市、辽阳市	100	榆神矿区	陕西榆林市

序号	名称	位置	序号	名称	位置
101	榆横矿区	陕西榆林市	132	三塘湖矿区	新疆哈密市
102	彬长矿区	陕西咸阳市	133	艾丁湖矿区	新疆吐鲁番市
103	永陇矿区	陕西宝鸡市、咸阳市	134	库木塔格矿区	新疆吐鲁番市
104	韩城矿区	陕西渭南市	135	五彩湾矿区	新疆昌吉回族自治州
105	澄合矿区	陕西渭南市	136	大井矿区	新疆昌吉回族自治州
106	蒲白矿区	陕西渭南市	137	将军庙矿区	新疆昌吉回族自治州
107	铜川矿区	陕西铜川市、渭南市	138	西黑山矿区	新疆昌吉回族自治州
108	古城矿区	陕西榆林市	139	老君庙矿区	新疆昌吉回族自治州
109	吴堡矿区	陕西榆林市	140	和什托洛盖矿区	新疆塔城地区
110	黄陵矿区	陕西延安市	141	阜康矿区	新疆昌吉回族自治州
111	旬耀矿区	陕西铜川市、咸阳市	142	硫磺沟矿区	新疆乌鲁木齐市、昌吉回族自治州
112	府谷矿区	陕西榆林市	143	黑山矿区	新疆吐鲁番市
113	宁正矿区	甘肃庆阳市	144	伊宁矿区	新疆伊犁州
114	红沙岗矿区	甘肃武威市	145	尼勒克矿区	新疆伊犁州
115	华亭矿区	甘肃平凉市	146	玛纳斯塔西河矿区	新疆昌吉回族自治州
116	灵台矿区	甘肃平凉市	147	四棵树矿区	新疆塔城地区
117	甜水堡矿区	甘肃庆阳市	148	沙湾矿区	新疆塔城地区
118	沙井子矿区	甘肃庆阳市	149	昌吉白杨河矿区	新疆昌吉回族自治州
119	吐鲁矿区	甘肃酒泉市	150	阿艾矿区	新疆阿克苏地区
120	木里矿区	青海海西蒙古族藏族自治州、海北藏族自治州	151	阳霞矿区	新疆巴音郭楞蒙古自治州
121	鱼卡矿区	青海海西蒙古族藏族自治州	152	克布尔碱矿区	新疆吐鲁番市
122	马家滩矿区	宁夏银川市、吴忠市	153	三道岭矿区	新疆哈密市
123	积家井矿区	宁夏银川市、吴忠市	154	巴里坤矿区	新疆哈密市
124	韦州矿区	宁夏吴忠市	155	塔城白杨河矿区	新疆塔城地区
125	灵武矿区	宁夏银川市	156	艾维尔沟矿区	新疆乌鲁木齐市、吐鲁番市
126	鸳鸯湖矿区	宁夏银川市	157	喀木斯特矿区	新疆阿勒泰地区
127	红墩子矿区	宁夏银川市	158	北塔山矿区	新疆昌吉回族自治州
128	萌城矿区	宁夏吴忠市	159	昭苏矿区	新疆伊犁哈萨克自治州
129	大南湖矿区	新疆哈密市	160	俄霍布拉克矿区	新疆阿克苏地区
130	淖毛湖矿区	新疆哈密市	161	拜城矿区	新疆阿克苏地区
131	沙尔湖矿区	新疆哈密市	162	塔什店矿区	新疆巴音郭楞蒙古自治州

第二节　工作方法、技术要求

一、资料收集与整理

全面收集工作区清洁用煤的区域构造、地层、岩石、煤田地质等地质资料，收集煤炭勘探开发和煤矿生产、资源/储量以及煤炭气化、液化、焦化及其他煤系伴生矿产开发实践等方面的资料，尤其是近期开展的煤炭资源调查评价与勘查资料，重点提取和收集煤岩煤质数据信息，并通过区域构造演化、特殊用煤形成条件等分析，研究煤田地质及煤质煤类信息，摸清清洁用煤赋存区的区域地质背景、含煤地层分布特征、资源分布等情况，然后对各种资料进行分析对比与研究，从多种角度进行总结归纳，综合煤田地质、煤类、煤质指标圈定清洁用煤有利赋存区及重点工作区，在煤炭资源潜力评价与国家发展和改革委员会批复矿区分布图的基础上选择重点调查区。

在系统收集以往地质工作资料并进行归档记录的同时，对以往工作成果的质量及资料的可利用程度进行评价，最大限度地提取前人资料中的有用部分，避免在调查中做重复工作；要善于发现新问题，找出新的突破点。

二、野外调查手图编制

（一）目的任务

野外调查手图编制的目的任务是综合反映全部有效的清洁用煤专项的各类信息，突出清洁用煤野外地质调查的重点调查项目，为野外针对性调查提供基础资料。

（二）基本要求

(1)野外调查手图编制应充分收集、分析、利用区内已有的地质、物理、遥感、煤田地质等资料，特别是要充分利用各矿区已有的煤田地质图、资源储量图及煤类分布图等重点资料，同时参考已有的煤质化验数据，提高研究程度与工作效率。

(2)野外调查手图原则上以国家发展和改革委员会批复矿区为单位，比例尺视矿区实际情况等按1:25万~1:5万的比例尺成图，作为野外地质调查的实际使用图件。

(3)野外调查手图结构要简单，展示的内容具体合理，重点突出，必须以突出明朗的形式标注清洁用煤调查的主要内容：矿区名称及范围、成煤时代、主采煤层编号、煤层厚度、煤类、代表性的工程(钻孔、矿井、小窑等)、资源量，辅以地理、地名及公里网坐标等要素。建议以矿区的资源储量估算图为基础，融入煤层、煤类等数据成图，标注各井田资源量统计表、主要煤质特征表。

三、野外调查

清洁用煤专项地质调查的目的任务是在前期资料的综合分析与调查手图编制的基础

上，采用面上调查与点上突破相结合的方法，有针对性地展开清洁用煤专项地质调查。具体调查内容及要求如下：

(1)调查矿区内的主要成煤时代、含煤地层岩性及沉积特征、煤层层数、煤层厚度及分布范围、主要控煤构造特征等。

(2)调查矿区中各类采矿及勘查工程点内煤层的煤类，与清洁用煤有关的主要煤岩、煤质指标(硫分、灰分、挥发分、C 与 H 的含量、H/C 原子比、镜质组最大反射率等)，深入调查矿区内煤层煤类与主要煤质的变化特征，并对造成变化的因素进行分项调查，对煤变质的主要控制因素等进行深入调查研究。

(3)调查矿区内生产矿井的数量、开采时间、服务年限及核定生产能力，以矿区保有储量(资源量)为基础，调查各生产矿井的煤炭产量，了解矿区内保有煤炭资源情况及煤炭资源勘查开发现状。

(4)对各矿区内煤炭的用途进行调查访问，尤其是对清洁用煤赋存的重点矿区，需重点调查其煤炭使用的产业链，对其工业用途进行专项调查，并对清洁用煤的简选、实验室测试及工业处理流程进行系统了解。

四、样品采集

样品采集技术要求具体见第四章，此处不再详细介绍。

五、工作手段经费预算

清洁用煤专项地质调查主要在国家规划的重点煤炭矿区开展，属于野外调查和综合研究并重的专题调查工作。调查工作主要包括：调查矿区内各井田的成煤时代、含煤地层岩性及沉积特征、煤层层数、煤层厚度及分布范围、主要控煤构造特征等；调查矿区中各类采矿及勘查工程点，以及与清洁用煤有关的煤类、煤岩、煤质指标及变化特征，对煤变质的主要控制因素等进行深入调查研究；调查矿区内生产矿井的基本情况，以及各生产矿井的煤炭产量、保有资源量情况；对各矿区内煤炭的用途进行调查，针对国家规划矿区，重点调查煤炭产业链，对工业用途进行专项调查，系统了解清洁用煤的简选、实验室测试及工业处理流程；对主要可采煤层进行系统的井下精细地质观测，采集煤样，为清洁用煤专题研究提供基础支撑。

为了保证从整体上掌握调查区煤岩煤质分布及变化规律，清洁用煤专项地质调查工作整体按照 1∶25 万比例尺安排部署，野外调查及资料综合分析数据的空间数据点距基本在 200～500m，工作内容及精度与 1∶2.5 万调查工作内容接近。同时还需要调查和收集相邻地区的大量煤炭地质资料，从而保证专题调查内容的完整性、可靠性。结合 1∶25 万油气基础地质调查工作要求，1∶25 万清洁用煤专项地质调查工作内容参照 1∶2.5 万专项地质调查开展，并按照工作需要进行了大量的调整。预算标准选用与其工作内容相类似的 1∶2.5 万专项地质调查Ⅲ类区草测标准再参照地区调整系数计算。例如，宁夏东部、内蒙古东部地区调整系数为 1.30，预算标准为 1884 元/km²×65%×1.30=1591.98 元/km²。

第三章

1：25 万清洁用煤矿井地质调查技术要求

1：25 万清洁用煤矿井地质调查作为 1：25 万清洁用煤专项地质调查的重要补充，首先要满足区域调查的要求，通过在 160 多个国家规划矿区部署调查线路全面了解调查区煤炭资源、煤岩煤质特征的分布状况以及煤炭资源的利用情况，从整体上掌握全国煤炭资源勘查开发现状，评价清洁用煤资源潜力。

第一节 矿井地质调查工作依据、主要内容

一、工作依据

1：25 万清洁用煤矿井地质调查工作主要依据现有的煤炭勘查、采样等标准规范、规定章程，具体见表 3-1。

表 3-1 矿井地质调查工作依据

序号	规范名称
1	《煤层煤样采取方法》(GB/T 482—2008)
2	《区域地质调查总则(1：50000)》(DZ/T 0001—1991)
3	《固体矿产勘查地质资料综合整理综合研究技术要求》(DZ/T 0079—2015)
4	《区域地质调查规范(1：250000)》(DZ/T 0257—2014)
5	《固体矿产勘查原始地质编录规程》(DZ/T 0078—2015)
6	《煤炭资源勘查煤质评价规范》(MT/T 1090—2008)
7	《煤炭资源勘探煤样采取规程》

二、目的任务、工作内容

(一)目的任务

1：25 万清洁用煤矿井地质调查作为 1：25 万清洁用煤专项地质调查的重要补充，主要以路线上的生产矿井作为调查点，主要目的是了解清洁用煤资源分布区构造、地层、岩石、煤田地质等概况，了解煤质变化情况，提高煤质调查程度和研究水平。

(二)调查范围

以国家发展和改革委员会批复矿区的非重点矿区为调查对象，以矿区内主要生产矿井为调查点。

(三)工作程序

遵循资料收集、施工方案编审、野外踏勘、工作总结等程序，各程序之间是互为关联、互为反馈、密不可分的整体，资料分析、图件编制应贯穿于项目实施的各个环节中。

第二节 矿井地质调查工作方法、技术要求

一、部署原则

在充分了解调查区主要构造、地层、煤层、煤类、煤质的基础上布置调查路线。对于近水平煤层，要对矿区的主要勘查区和生产矿井进行调查，调查路线尽量在全矿区平均分布；对于倾斜煤层，以垂直煤层走向的穿越路线为主调查勘查工程；煤炭生产矿井路线调查的点距不做机械性要求，要求对路线上的主要生产矿井的煤类、煤质进行详细记录与描述。

二、控制程度和调查精度

单幅有效观测路线总长度一般控制在 100 km 以下，其路线控制程度应以能较准确地反映调查地层构造特征、煤层煤质分布为原则，不要机械地按网格布置路线；观测控制点的记录务必翔实，测量数据准确齐全，补充采集相关样品和实物标本。

三、野外调查手图编制基本要求

(1)野外调查手图编制应充分收集、分析、利用区内已有的地质、物理、遥感、煤田地质等资料，特别是要充分利用各矿区已有的煤田地质图、资源储量图及煤类分布图等重点资料，同时参考已有的煤质化验数据，提高研究程度与工作效率。

(2)野外调查手图原则上以矿区为单位，比例尺视矿区实际情况等按 1：25 万～1：5 万的比例尺成图，作为野外地质调查的实际使用图件。

(3)野外调查手图结构要简单，展示的内容具体合理，重点突出，必须以突出明朗的形式标注清洁用煤调查的主要内容：矿区名称及范围、成煤时代、主采煤层编号、煤层厚度、煤类、清洁用煤的主要煤质指标、代表性的工程(钻孔、矿井、小窑等)及编号、煤层底板等高线及资源量，辅以地理、地名及公里网坐标等要素。建议以矿区的资源储量估算图为基础，融入煤层及煤类、煤质等数据成图，标注各井田资源量统计表、主要煤质特征表。

四、调查内容及要求

(1)了解调查区以往地质工作情况、成煤时代、含煤地层岩性及沉积特征、煤层层数、煤层厚度及分布范围、主要控煤构造特征等。

(2)了解以往煤炭地质工作对主要可采煤层煤类、煤质的分析结果，详细记录煤岩成分、硫分、灰分、挥发分、H/C 原子比、镜质组最大反射率等。

(3)了解调查区总体煤炭资源量及分煤类煤炭资源量；对于有生产矿井的井田调查生产矿井开采时间及服务年限，了解煤炭资源的利用途径。

(4)对路线上具备采样条件的勘查区和生产矿井应当进行补充采样。

五、工作手段经费预算

1∶25 万清洁用煤矿井地质调查主要是在大型含煤盆地专项地质调查矿区以外的其他国家规划矿区开展，以贯穿国家煤炭规划矿区的生产矿井作为调查点，以勘查区、普查区钻孔地质资料为重要补充的线路地质调查。调查工作主要包括：调查线路上生产矿井以往地质工作情况、成煤时代、含煤地层岩性及沉积特征、煤层层数、煤层厚度及分布范围、主要控煤构造特征等；调查线路上生产矿井的煤类、煤质，了解煤岩组分、硫分、灰分、挥发分、H/C 原子比、镜质组最大反射率等；调查线路上生产矿井煤炭保有资源量、煤类划分情况，以及生产矿井开采时间、服务年限、煤炭利用途径；按照清洁用煤应用最新要求，对路线上具备采样条件的勘查区和生产矿井应当进行补充采样和化验测试。在调查的国家规划矿区部署多条矿井地质调查线路，为区域性清洁用煤资源分布图的编制提供基础资料。

结合 1∶25 万油气基础地质调查工作要求及 2016 年清洁用煤专项调查工作实际，野外调查及资料综合分析数据的空间数据点距基本在200～500m,工作内容及精度与1∶10000 的地质剖面工作内容接近。预算标准选用与其工作内容相类似的 1∶10000 地质剖面草测标准(地质复杂程度为Ⅱ类，精度为草测，草测预算标准为正测 65%)，再参照地区调整系数计算。例如，黑龙江、辽宁、吉林地区调整系数为 1.20，预算标准为1566 元/km×65%×1.2=1221.48 元/km。

第四章

清洁用煤样品测试技术方法

清洁用煤要想基于煤质分析结果对煤质做出正确评价，就必须对煤样进行测试分析。其中，煤的工业分析、元素分析、工艺性能、煤岩组分及微量元素等测试结果对煤质评价程度有着重要作用。

清洁用煤测试方法体系包括样品采取、制样和测试，其中电感耦合等离子体质谱（ICP-MS）、扫描电镜（SEM）、X 射线衍射（XRD）等需要对样品进行处理后才能上机测试和观察。

第一节　样品采取技术方法

一、一般规定

煤样采取包括采取全分层样和混合样，采样范围：主要针对重点矿区内生产矿井、露天矿和钻孔揭露的主采煤层与高含量元素（锗、镓、锂、铌、铝等）的可采煤层来采取煤样。

采样原则：

(1)采样工作是在对重点矿区勘查和煤质资料整理分析的基础上的验证和补充，原则上重点研究矿区完成 1～2 点的煤层分层剖面采样。

(2)对于露天煤矿采样：应从煤层顶到煤层底刻槽采取煤层样；如中间夹矸大于 0.30m 时，应按分层煤样采取，夹矸作为自然分层同时采取；整层采样困难时，可在横向对比清楚的情况下，在异地方便区域采样(图 4-1)。

(3)对于矿井采样，工作面采样的要求与露天煤矿相同；如采不到工作面样，可在煤场或煤仓捡块煤作为混合样代表。

(4)考虑到煤层评价是对整个煤层进行评价，应把分层煤样混合作为整层混合样做测试。

图 4-1　露天矿采样

二、样品采集执行的标准

样品采集执行以下标准:《煤层煤样采取方法》(GB/T 482—2008)、《煤炭资源勘探煤样采取规程》、《煤炭资源勘查煤质评价规范》(MT/T 1090—2008)。

三、技术要求

(一)煤层煤样

煤层煤样是在矿井或露天采场中在一个煤层的剥离面上按一定规则采取的煤样,是进行多项目试验的重要样品之一。它包括分层煤样和可采煤样,分层煤样和可采煤样必须同时采取。

分层煤样从煤和夹矸的每一自然分层分别采取。当夹矸层厚度大于 0.30m 时,作为自然分层采取。

可采煤样采取范围包括应开采的全部煤分层和厚度小于 0.30m 的夹矸层。对于分层开采的厚煤层,则按分层开采厚度采取。对于碳质泥岩与煤逐渐过渡,顶、底界面不清的煤层,应根据肉眼鉴定,连同顶、底部分碳质泥岩按同样要求分层采取。对露天矿,开采台阶高度在 3.00m 以下的煤层按上述要求执行,台阶高度超过 3.00m 的煤层用上述要求规定的方法确有困难时,可用回转式钻机取出煤心,作为可采煤样。

煤层煤样应在地质构造正常、煤厚、煤层结构具代表性的地点采取。采样时,要对采样点的煤层结构、煤的物理性质、宏观煤岩类型和顶底板岩性及附近的构造特征等进行详细描述。

采样前先仔细清理煤层剥离面，除掉受氧化和被岩粉污染的部分。一般用 0.25m×0.15m 的规格刻槽采取。分层样须从上而下顺序编号，防止各分层样互相掺杂或顺序错乱。煤层煤样的质量至少应为 2.5kg。

（二）煤心煤样

煤心煤样是从勘探钻孔中采取的，它是研究勘探区内煤质特征及其变化规律的重要基础煤样之一。煤心提出孔口后，要按上下顺序依次放入洁净的岩心箱内，断口互相衔接，清除泥皮等杂物，去掉磨烧部分，煤心不得受污染。记录煤层厚度和煤心长度，计算长度采取率，描述宏观煤岩类型及煤心状况。对煤心进行称量（以千克为单位，取小数点后两位），计算质量采取率。

煤心煤样一般按独立煤层采取全层样。当煤质有显著差异且分层厚度大于 0.5m 时，应采取分层煤样。结构复杂煤层采样时，应按夹矸和煤分层单独采取。

大于 0.01m 至等于煤层最低可采厚度的夹矸应单独采样；大于煤层最低可采厚度的夹矸，属非碳质泥岩的，一般不采样，属碳质泥岩或松软岩的，需单独采样。厚度小于或等于 0.01m 的夹矸，应与相连煤分层合并采样，不得剔除。煤层中的多层薄煤层夹矸，可单独采样，也可按相同岩性合并采样。

煤层伪顶、伪底为碳质泥岩时，应分别采取全层样。属非碳质泥岩时，层厚大于 0.1m 时，采取 0.1m，层厚小于 0.1m 时全部采样。

煤心煤样需按不同煤层分别取样，不缩分，当煤层厚度较大时应分段采样，分段厚度一般不大于 3.0m；急倾斜煤层段距可适当放宽。

把煤心从钻孔取出到采样结束，褐煤不超过 8h，烟煤不超过 24h，无烟煤不超过 48h。煤心煤样的质量至少应为 1.5kg，如需进行特殊项目的试验，可根据试验要求决定采样数量。

（三）煤岩煤样

反映正常煤质情况的煤岩煤样，其采样点应避开断裂带、风氧化带、岩浆岩接触带、自燃烘烤变质带等非正常地带。有特殊研究目的的煤岩煤样需在特定地点专门采取。

采样时，要对采样点的煤层结构、煤的物理性质、宏观煤岩类型和顶底板岩性及附近的构造特征等进行详细描述。

煤岩煤样可分为混合煤样、柱状煤样和块状煤样。混合煤样可从煤层煤样、煤心煤样和可选性煤样中缩制。柱状煤样可从探槽及坑道中采取；结构完好的柱状煤心，可作为柱状煤样；当煤质坚硬时，可用连续块状煤样代替柱状煤样。如果煤心及坑道内煤层不适宜采柱状煤样，可拣取不连续块煤作煤岩煤样。

四、煤的宏观煤岩类型描述

按照《烟煤的宏观煤岩类型分类》(GB/T 18023—2000)中提出的要求逐层进行描述。

确定宏观煤岩成分：应在煤层或煤块垂直层理的新鲜断面上进行。内容包括厚度、煤岩成分及其含量、颜色、条痕色、光泽、裂隙、断口、结构、构造、结核、包裹体、夹矸、顶板和底板。但是，不要求对每一分层的颜色、条痕色、光泽和断口都作描述。

宏观煤岩类型分类首先以总体相对光泽强度的差异进行分层；其次逐层估测光亮成分的含量，确定宏观类型，并依据结构确定亚型，当多种结构共存时，可依据主要结构种类命名或在其前冠以次要结构名称加以修饰。依据宏观类型中光亮成分含量，可划分出光亮煤（>80%）、半亮煤（>50%~80%）、半暗煤（>20%~50%)和暗淡煤（≤20%）。划分宏观类型的最小厚度一般为 5cm。煤因受构造应力作用发生破碎和揉皱，使原始结构和构造遭受不同程度破坏且难以识别煤岩成分时，将其定为"构造煤"，可不再划分宏观煤岩类型。

五、煤样的包装、送检和保存

（一）煤样的包装

煤样应用结实洁净的塑料袋装好后再放入布袋包装密封，认真填写采样卡片，并将采样卡片依次放入木箱或铁筒内。

煤样包装箱应用铁钉钉牢或用包装带捆扎结实，并将煤样编号标签贴在煤样箱上，注明"共×箱　第×箱"等字样。

（二）煤样的送检

煤心煤样(煤层煤样)从采样到送达测试单位的时间不应超过下列规定：褐煤 5d，烟煤 10d，无烟煤 15d。

送样单位按照规定内容逐项认真填写送样说明书(表 4-1)，一式三份，一份用塑料纸包装好放入煤样袋内，一份寄交测试单位，一份由送样单位保存。要求字迹清晰，数据准确，并由负责人审查、签字。试验项目按设计要求和煤样实际状况填写，煤样编号应系统、简单、不重复。

（三）煤样的保存

煤层煤样、煤岩煤样，由测试单位保存分析样(或煤片)，测试单位应采取一定措施防止煤样氧化。保存时间自报出试验结果之日起，一般为半年，即至该样涉及的试验项目质量审查结束后为止，保存时间有约定的按约定执行。

第二节　煤样的制备

在对煤样分类编号后，须按相应技术规范及时对样品进行预处理和制样。煤样制备工序包括破碎、筛分、混合、缩分和干燥。

表 4-1　送样说明书

项目	内容	项目	内容
煤样编号		长度采取率/%	
省（自治区、直辖市）		质量采取率/%	
井田或矿区或勘查区		送样质量/kg	
钻孔号		煤样粒度/mm	
煤层号及煤类		采样方法	
见正煤深度/m		取煤日期　　年　月　日	
煤层厚度/m		采样日期　　年　月　日	
采样深度/m		送样日期　　年　月　日	

深度/m	柱状图	厚度/m	煤的宏观描述

试验项目	全水分	水分	灰分	挥发分	全硫	各种形态硫	元素分析	发热量	煤的显微组分	镜质组反射率	可选性	灰熔融性	哈氏可磨性指数	灰成分	固定碳	煤对CO_2反应性	黏结指数	热稳定性	成浆浓度	落下强度	磷含量	腐植酸	透光率	微量元素
原煤																								
浮煤																								

备注

照片号

送样单位：　　　　　采样人：　　　　　送样人：　　　　　接收人：

煤质负责人：

注：哈氏可磨性指数全称为哈德格罗夫夫可磨性指数，一般简称为哈氏可磨性指数。

一、破碎

破碎的目的是增加煤样的颗粒目数，以减少后续缩分产生的误差，提高制样的精密度。采集来的任何煤样，其粒度远远超过煤样测试所要求的粒度，必须破碎以减小粒度。通常采用多级破碎，每级破碎之后按规定要求缩分，以减少再破碎工作量。

破碎一般使用机械处理，通常把破碎分为粗碎、中碎和细碎。粗碎是指将煤样破碎至小于 25mm 或 6mm；中碎是指将小于 13mm（或小于 6mm）的煤样破碎至小于 3mm（或小于 1mm）；细碎是指将小于 3mm（或小于 1mm）的煤样粉碎至小于 0.2mm。

二、筛分

筛分的目的是将超限颗粒分离出来，继续破碎到规定粒度。一般在制备有粒度组成要求的试样时使用。如果制备一般分析试验煤样，则不宜使用。

根据制备样品的种类，制样室应置备不同孔径的筛子：①制备日常商品煤样用筛子为 25mm、13mm、6mm、3mm、1mm 和 0.2mm 方孔筛，3mm 圆孔筛，以及测定含矸率用的 50mm 筛子；②制备可磨性煤样用 1.25mm、0.63mm 和 0.071mm 方孔筛；③制备胶质层煤样用 1.5mm 圆孔筛；④确定煤中最大粒度和大于 150mm 块煤比率试验用 150mm、100mm、50mm 和 25mm 圆孔筛；⑤其他特殊试验项目，则按相应的规范要求准备不同孔径的筛子。

三、混合

混合是将煤样均匀化。目前，我国人工制样主要是用堆锥混合方法。这种方法一方面对不均质的分散煤样来说是均匀化的过程；另一方面从粒度分布来看却是粒度离析的过程。因此，人工堆锥混合应按标准规定仔细进行操作。

四、缩分

缩分是在粒度不变的情况下减少质量，以减少后续工作量并最后达到检验所需的煤样质量。制样误差主要来自这一操作步骤，因此每一缩分阶段的留样量必须符合标准中规定的粒度与留样的相应关系，否则难以保证缩分精密度。

缩分方法主要有人工堆锥四分法、二分器缩分法、九点缩分法、棋盘式缩分法和机械缩分法。

五、干燥

干燥的目的一般只是保证煤样在制样过程中能顺利通过各种破碎机、缩分机、二分器和筛子。它将视煤样水分高低具体确定，除个别极干燥的煤外，一般都需要在煤样制备的一定阶段进行干燥。

需要干燥的煤样有：①水分很高的初始煤样。将全部煤样摊在制样室的钢板上自然风干，每隔一定时间要翻动一次，以缩短干燥时间。如有大型干燥箱，可分装在各盘内进行干燥。②煤样制备到一定粒度、影响进一步制样时，应根据煤样的数量、时间要求、设备情况等决定自然风干还是用干燥箱干燥。③通常将缩制到小于 3mm 或 1mm 的约 100g 煤样在干燥箱中干燥。④干燥箱的干燥温度不能超过 50℃，防止煤样在干燥过程中氧化变质。

六、注意事项

采样过程中严格遵守《煤矿安全规程》，确保人身安全。样品采取后应严格按规定准时进行送样和管理。

第三节　测试项目和测试标准(方法)

本书评价对象主要为焦化用煤、动力用煤、直接液化用煤、气化用煤这四类清洁用煤。其中气化用煤包括固定床气化用煤、流化床气化用煤、水煤浆气流床气化用煤、干煤粉气流床气化用煤。测试项目及测试标准按照焦化、直接液化、气化用煤技术条件中煤质技术要求执行。动力用煤测试项目按照发电煤粉锅炉用煤、水泥回转窑用煤、链条炉用煤等商品煤质量标准中的技术指标及要求。

根据《商品煤质量　炼焦用煤》(GB/T 397—2022)标准，适合炼焦用煤煤类：气煤、气肥煤、1/3 焦煤、肥煤、焦煤、瘦煤。测试项目有全水分(M_t)、灰分(A_d)、全硫($S_{t,d}$)、磷含量(P_d)、黏结指数($G_{R,I}$)等。

根据动力用煤相关国家标准《商品煤质量　发电煤粉锅炉用煤》(GB/T 7562—2018)、《商品煤质量　水泥回转窑用煤》(GB/T 7563—2008)、《商品煤质量　链条炉用煤》(GB/T 18342—2018)等，动力用煤测试项目主要有干燥基高位发热量($Q_{gr,d}$)、灰分(A_d)、挥发分产率(V_{daf})、全硫($S_{t,d}$)、煤灰软化温度(ST)、全水分(M_t)、哈德格罗夫(简称哈氏)可磨性指数(HGI)、有害微量元素含量等。

根据《商品煤质量　直接液化用煤》(GB/T 23810—2021)标准，适合直接液化用煤煤类：褐煤、烟煤中的长焰煤、不黏煤、弱黏煤及气煤。测试项目有全水分(M_t)、工业分析[水分(M_{ad})、灰分(A_d)、挥发分(V_{daf})]、全硫($S_{t,d}$)、形态硫、元素分析、哈氏可磨性指数(HGI)、显微煤岩组分、镜质组反射率(R_o)等。

根据《商品煤质量　固定床气化用煤》(GB/T 9143—2021)标准，适合常压固定床气化用煤煤类：褐煤、长焰煤、不黏煤、弱黏煤、气煤、瘦煤、贫瘦煤、贫煤和无烟煤。流化床、气流床气化用原料煤对煤类没有具体要求，只要符合《流化床气化用原料煤技术条件》(GB/T 29721—2013)和《商品煤质量　流床气化用煤》(GB/T 29722—2021)中的技术要求即可。气化用煤测试项目有全水分(M_t)、灰分(A_d)、全硫($S_{t,d}$)、煤灰熔融性、煤对 CO_2 化学反应性(α)、哈氏可磨性指数(HGI)、黏结指数($G_{R,I}$)、热稳定性(TS_{+6})、成浆浓度(C)、落下强度(SS)等。

综合上述所有的测试项目及测试标准(方法),列表分述如表 4-2 所示。

表 4-2　炼焦、动力、直接液化及气化用煤测试项目和标准(方法)表

测试项目		测试标准(方法)
全水分(M_t)/%		《煤中全水分的测定方法》(GB/T 211—2017)
工业分析	水分(M_{ad})/%	《煤的工业分析方法》(GB/T 212—2008)
	灰分(A_d)/%	
	挥发分(V_{daf})/%	
全硫($S_{t,d}$)		《煤中全硫的测定方法》(GB/T 214—2007)
干燥基高位发热量($Q_{gr,d}$)		《煤的发热量测定方法》(GB/T 213—2008)
形态硫	硫铁矿硫($S_{p,d}$)/%	《煤中各种形态硫的测定方法》(GB/T 215—2003)
	硫酸盐硫($S_{s,d}$)/%	
	有机硫($S_{o,d}$)/%	
元素分析	碳含量/%	《煤中碳和氢的测定方法》(GB/T 476—2008) 《煤中氮的测定方法》(GB/T 19227—2008)
	氢含量/%	
	氮含量/%	
	氧含量/%	
哈氏可磨性指数(HGI)		《煤的可磨性指数测定方法 哈德格罗夫法》(GB/T 2565—2014)
显微煤岩组分		《煤的显微组分组和矿物测定方法》(GB/T 8899—2013)
镜质组反射率(R_o)/%		《煤的镜质体反射率显微镜测定方法》(GB/T 6948—2008)
煤灰熔融性/℃		《煤灰熔融性的测定方法》(GB/T 219—2008)
煤对 CO_2 化学反应性(α)/%		《煤对二氧化碳化学反应性的测定方法》(GB/T 220—2018)
黏结指数($G_{R,I}$)		《烟煤黏结指数测定方法》(GB/T 5447—2014)
热稳定性(TS_{+6})/%		《煤的热稳定性测定方法》(GB/T 1573—2018)
成浆浓度(C)/%		《水煤浆试验方法 第 2 部分:浓度测定》(GB/T 18856.2—2008)
落下强度(SS)/%		《煤的落下强度测定方法》(GB/T 15459—2006)
磷含量(P_d)/%		《煤中磷的测定方法》(GB/T 216—2003)

注:①黏结指数项目应采用灰分≤10%的煤样进行分析。如果原煤灰分大于 10%,应先将浮煤灰分减至小于 10%后再进行试验。②煤的落下强度试验粒度为 60～100mm,需 20 块样品。

褐煤样品需补测腐植酸($HA_{t,d}$,单位为%)和透光率(P_M,单位为%)(表 4-3);高元素煤需测试锗、镓、铀、铌、锂元素含量(表 4-4);铝含量高的煤样需补测灰成分(表 4-5)。对煤和夹矸中的微量元素如铜、铅、锌、钴、镍、镉、钼、钨等,采用电感耦合等离子体质谱仪测定。

表 4-3 褐煤补测项目和标准(方法)表

测试项目	测试标准(方法)
腐植酸(HA$_{t,d}$)/%	《煤中腐植酸产率测定方法》(GB/T 11957—2001)
透光率(P_M)/%	《低煤阶煤的透光率测定方法》(GB/T 2566—2010)

注:透光率项目应采用灰分≤10%的煤样进行分析。如果原煤灰分大于 10%,应先将浮煤灰减至小于 10%后再进行试验。

表 4-4 高元素煤测试项目和标准(方法)表 (单位:%)

测试项目	测试标准(方法)
锗	《煤中锗的测定方法》(GB/T 8207—2007)
镓	《煤中镓的测定方法》(GB/T 8208—2007)
铀	《煤中铀的测定方法》(MT/T 384—2007)
铌、锂	《岩石矿物分析》(第四版)

表 4-5 灰成分测试项目和标准(方法)表 (单位:%)

测试项目		测试标准(方法)
灰成分	二氧化硅	《煤灰成分分析方法》(GB/T 1574—2007)
	三氧化二铝	
	三氧化二钛	
	二氧化钛	
	二氧化锰	
	氧化钙	
	氧化镁	
	氧化钾	
	氧化钠	
	三氧化硫	
	五氧化二磷	

第四节 样品测试技术方法

样品测试根据煤样样品全分层样和混合样分别开展分析测试。全分层样主要进行宏观煤岩描述、显微亚组分定量、工业分析、全硫分析、稀土元素分析、元素及微量元素分析等测试,对微量元素富集的异常点进行扫描电镜或 X 射线衍射测试;对混合样依据煤类,参照建立的焦化、直接液化、气化用煤煤质指标评价体系,进行全水分、灰分、全硫、挥发分、元素分析、显微煤岩组分、哈氏可磨性指数、镜质组反射率、煤灰熔融性、煤对 CO_2 化学反应性、黏结指数、热稳定性等项目开展测试。样品测试流程如图 4-2。

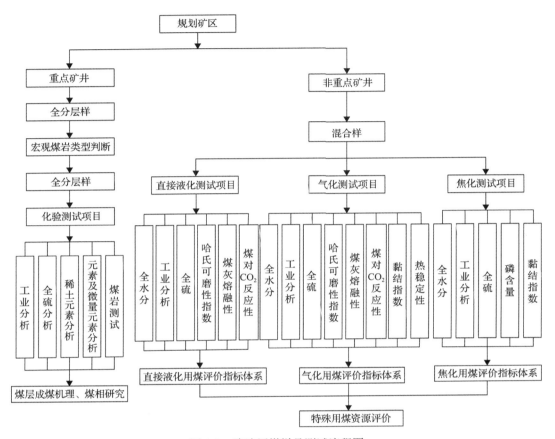

图 4-2　清洁用煤样品测试流程图

　　煤样测试是一项规范性很强的技术工作,执行标准、测试仪器、工作环境、试验方法、试验步骤、数据处理等都应严格按相应的技术规范操作,测试报告中要注明各项检测参数依据的技术标准。煤样的测试项目包括煤的工业分析、全硫分析、元素及微量元素分析、煤中有害元素分析、煤灰熔融性、煤灰成分分析等。采集的煤样样品严格遵照现行的测试分析方法、标准和规范来完成煤样的分析测试工作。

一、煤的工业分析

　　工业分析是确定煤组成最基本的方法,它是在规定条件下,将煤的组成近似分为水分、灰分、挥发分和固定碳四种组分的分析测定方法。在工业分析的指标中,灰分可近似代表煤中的矿物质,挥发分和固定碳可近似代表煤中的有机质。工业分析的结果对于研究煤炭性质、确定煤炭的合理用途以及在煤炭贸易中都具有重要的作用。

(一)水分

煤质分析中测定的水分有原煤样的全水分(接收煤样的水分)和分析煤样水分两种。接收煤样的水分是指测试单位刚接收到的煤样中含有的全部水分,全水分有通氮干燥法、空气干燥法、微波干燥法等测定方法,测定原理是:称取一定量的煤样,在空气流中于105~110℃下干燥到质量恒定,然后根据煤样的质量损失计算出全水分的含量。分析煤样水分是煤样与周围空气湿度达到平衡时保留的水分,其测定原理同全水分,只不过称取的是空气干燥煤样。

(二)灰分

灰分的测定原理是:称取一定量的空气干燥煤样,放入以一定的速度加热到(815±10)℃或预先放至(815±10)℃的马弗炉中灰化并灼烧到质量恒定,以残留物的质量占煤样质量的百分数作为煤样的灰分。

(三)挥发分

挥发分的测定原理是:称取一定量的空气干燥煤样,放在带盖的瓷坩埚中,在(900±10)℃下,隔绝空气加热 7min。以减少的质量占煤样质量的百分数减去该煤样的水分含量作为煤样的挥发分。

(四)固定碳

固定碳是煤炭分类、燃烧和焦化中的一项重要指标,煤的固定碳随变质程度的加深而增加。煤中固定碳含量不是实测的,而是根据煤样的水分、灰分和挥发分按以下公式计算而得,即

$$FC_{ad} = 100 - (M_{ad} + A_{ad} + V_{ad})$$

式中,FC_{ad} 为空气干燥基差减固定碳含量(质量分数),%;M_{ad} 为空气干燥基水分(一般为分析煤样水分)含量(质量分数),%;A_{ad} 为空气干燥基煤的灰分(质量分数),%;V_{ad} 为空气干燥基煤的挥发分(质量分数),%。

二、发热量

煤的发热量是指单位质量的煤在完全燃烧时产生的热量,单位用 MJ/kg 表示。发热量测定是煤质分析的一个重要项目,发热量是动力用煤的主要质量指标。燃烧工艺过程中的热平衡、耗煤量、热效率等的计算,都是以发热量为基础的。在煤质研究中,因为发热量(干燥无灰基)随煤的变质程度呈较规律的变化,所以根据发热量可推测与变质程度有关的一些煤质特征,如黏结性、结焦性等。

测定发热量的目的在于获得煤在燃煤工艺装置(通常为锅炉、窑炉)中完全燃烧时所放出的热量数据。因此,在测定发热量的方法中,要使有关试验条件尽量符合工业燃烧

条件。目前尚无法实现的条件，则通过换算的方法加以修正，实验室一般是用量热仪测得煤的弹筒发热量，然后再根据需要换算成不同基准的发热量。

三、硫分

煤中硫分通常可分为有机硫和无机硫两大类。无机硫包括硫化物硫和硫酸盐硫及微量的元素硫。硫化物硫绝大部分以黄铁矿形态存在，还有少量的白铁矿（FeS_2）、闪锌矿（ZnS）、方铅矿（PbS）、黄铜矿（$Fe_2S_3 \cdot CuS$）及砷黄铁矿（$FeS_2 \cdot FeAs_2$）等。硫酸盐硫主要存在形态是石膏（$CaSO_4 \cdot 2H_2O$），少数为硫酸亚铁（$FeSO_4 \cdot 7H_2O$）及极少量的其他硫酸盐矿物。

煤中有机硫含量一般较低，组成很复杂，常以硫醚、二硫化物、硫醇、杂环硫等键的形式存在于煤的大分子结构中。

煤中全硫的测定方法有艾士卡法、库仑滴定法和高温燃烧中和法，仲裁分析时，应采用艾士卡法。其测定原理是将煤样与艾士卡试剂混合燃烧，煤中硫生成硫酸盐，然后使硫酸根离子生成硫酸钡沉淀，根据硫酸钡的质量计算煤中的全硫含量。

四、煤的元素分析

煤中除含有部分矿物杂质和水以外，其余都是有机质。煤中有机质主要由碳、氢、氧、氮、硫五种元素组成，其中以碳、氢、氧为主，三者之和占煤有机质的95%以上。氮的含量变化范围不大，硫的含量则随原始成煤物质和成煤时的沉积条件不同会有很大的差异。

碳是构成煤分子骨架最重要的元素之一，也是煤燃烧过程中放出热能最主要的元素之一。氢元素是煤中第二重要的元素，主要存在于煤分子的侧链和官能团上，在有机质中的含量为2.0%~6.5%，煤中氢的含量则随煤化程度的加深而降低。煤中碳和氢与煤的其他特性有着密切的关系，因此，可以通过它们来推算其他指标，如发热量等以及核对其他指标的测定结果。煤中碳、氢含量的测定是煤质工作中不可缺少的项目之一。碳、氢含量的测定原理是：一定量的煤样在氧气流中燃烧，生成的水和二氧化碳分别用吸水剂和二氧化碳吸收剂吸收，由吸收剂的增量计算煤中碳和氢的含量。

氮是煤中唯一完全以有机状态存在的元素，含量较少，一般为0.5%~1.8%，与煤化程度无规律可循。氮的测定原理是：称取一定量的空气干燥煤样，加入混合催化剂和硫酸，加热分解使氮转化为硫酸氢铵，再加入过量的氢氧化钠溶液，把氨蒸出并吸收在硼酸溶液中，用硫酸标准溶液滴定，根据硫酸的用量计算煤中氮的含量。

氧是煤中主要元素之一，主要存在于煤分子的含氧官能团上，随煤化程度的提高，煤中的氧元素迅速下降。氧元素在煤燃烧时不产生热量，在煤液化时要无谓地消耗氢气，对于煤的利用不利。氧在煤中存在的总量和形态直接影响煤的性质。氧的含量一般通过计算得出，即

$$O_{ad} = 100 - M_{ad} - A_{ad} - C_{ad} - H_{ad} - N_{ad} - S_{t,ad}$$

式中, O_{ad} 为空气干燥基差减氧含量(质量分数), %; C_{ad} 为空气干燥基碳含量(质量分数), %; H_{ad} 为空气干燥基氢含量(质量分数), %; N_{ad} 为空气干燥基氮含量(质量分数), %; $S_{t,ad}$ 为空气干燥基全硫含量(质量分数), %。

五、煤中微量元素

在煤的矿物质和有机质中,除了含量较高的元素之外,还含有众多含量较少的元素,即微量元素。煤中微量元素包括有益元素锗、镓、铀、钒和有害元素磷、砷、氟、氯,煤中这些元素的含量是汇编煤质资料和煤炭利用中环境评价的必备资料。

(一)锗

锗的仲裁分析方法:将分析煤样灰化后用硝酸、磷酸、氢氟酸混合酸分解,然后制成 6mol/L 盐酸溶液进行蒸馏,使锗以四氯化锗形态逸出,并用水吸收而使干扰离子分离,在盐酸浓度 1.2mol/L 左右下用苯芴酮显色并进行比色测定。

(二)镓

镓的测定方法:将分析煤样灰化后用硫酸、盐酸、氢氟酸混合酸分解并制成 6mol/L 的盐酸溶液;或将煤灰用碱熔融,用盐酸酸化,蒸干使硅酸脱水并制成 6mol/L 的盐酸溶液。然后往上述溶液中加入三氯化钛溶液,使铁(Ⅲ)、铊(Ⅲ)、锑(Ⅴ)等还原成低价以除去干扰,再加入罗丹明 B 溶液使其与氯镓酸生成带色络合物,用苯-乙醚萃取,最后进行比色测定。

(三)铀

铀的测定方法:将用混合铵盐熔融灰化后的煤样再用含硝酸盐的稀硝酸浸取。浸取液通过磷酸三丁酯色层柱,使干扰元素分离,用洗脱液洗下柱上吸附的铀。在弱碱性溶液中铀与 2-(5-溴-2 吡啶偶氮)-5-二乙胺基苯酚形成有色的二元络合物,然后进行光度测量求得铀含量。

(四)钒

钒的测定方法:煤样灰化后用碱熔融、沸水浸取,浸取液中加掩蔽剂以消除干扰因素的影响,在酸性介质中五价钒与 2-(5-溴-2 吡啶偶氮)-5-二乙胺基苯酚和过氧化氢形成有色的三元络合物,然后进行光度测量,求得钒含量。

(五)磷

煤样灰化后用氢氟酸-硫酸分解,脱除二氧化硅,然后加入钼酸铵和抗坏血酸,生成磷钼蓝后,用分光光度计测定吸光度。

（六）砷

砷的仲裁分析方法：将煤样与艾士卡混合灼烧，用硫酸和盐酸溶解灼烧物，加入还原剂，使五价砷还原成三价，加入锌粒放出氢气，使砷形成氢化砷气体释放出，然后用碘溶液吸收并氧化成砷酸，加入钼酸铵-硫酸肼溶液使之生成砷钼蓝，然后用分光光度计测定。

（七）氟

氟是有害元素之一。煤中的氟主要以无机物赋存于煤中的矿物质中，我国煤中氟含量一般在 0.005%～0.03%，少数矿区煤中氟含量可达 0.08%左右，个别矿区煤中氟含量则高达 0.3%。

氟的测定原理：煤样在氧气和水蒸气混合气流中燃烧和水解，煤中氟全部转化为挥发性氟化物并定量溶于水。以氟离子选择性电极为指示剂，饱和甘汞电极为参比电极，用标准加入法测定样品溶液中的氟离子浓度，计算出煤中氟含量。

（八）氯

煤中氯的含量很低，一般为 0.01%～0.20%，高的可达 1.00%。煤中氯主要是以无机物形态存在，但也有少量氯以有机物形态存在，以无机物存在的主要有钾盐矿物（KCl）、石盐矿物（NaCl）及水氯镁石（$MgCl_2 \cdot 6H_2O$）等。氯的测定有高温燃烧水解-电位滴定和艾氏剂熔样-硫氰酸钾滴定两种方法。

六、煤灰成分和煤中矿物质

（一）煤灰成分

煤灰成分是指煤中矿物质经燃烧后生成的各种金属和非金属的氧化物与盐类（如硫酸钙等），其中主要成分为二氧化硅、三氧化二铁、二氧化钛、三氧化二铝、氧化钙、氧化镁、五氧化二磷、氧化钾和氧化钠等，此外，还有极少量的钒、钼、钛、锗、镓等的氧化物。

测量煤灰成分，首先要称取一定量的空气干燥煤样平铺于灰皿中，然后将灰皿置于马弗炉中灼烧至恒重。煤灰中各种成分的测定方法各有不同，具体见表4-6。

表4-6　煤灰中主要成分的测定方法

煤灰成分	方法1	方法2	备注
二氧化硅	硅钼蓝分光光度法	动物胶凝聚质量法	方法1是半微量分析，方法2是常量分析
三氧化二铁	钛铁试剂分光光度法	EDTA容量法	
二氧化钛	钛铁试剂分光光度法	过氧化氢分光光度法	
三氧化二铝	氟盐取代EDTA容量法	EDTA容量法	

续表

煤灰成分	方法 1	方法 2	备注
氧化钙	EDTA 容量法		
氧化镁	EDTA 容量法		
三氧化硫	硫酸钡质量法、燃烧中和法、库仑滴定法		
五氧化二磷	磷钼蓝分光光度法		
氧化钾	原子吸收分光光度法	火焰光度法	
氧化钠	原子吸收分光光度法	火焰光度法	

注：EDTA-乙二胺四乙酸。

（二）煤中矿物质

煤中矿物质的测定比较烦琐，首先煤样用盐酸和氢氟酸处理，计算用酸处理后煤样的质量损失；其次测定酸处理过的煤样的灰分和氧化铁含量，分别计算扣除氧化铁后残留灰分及酸处理过的煤样中的黄铁矿含量；再次测定酸处理过的煤样中的氯含量，以计算其吸附盐酸的量；最后根据以上结果，计算出煤中矿物质含量。

煤中矿物质对煤炭气化、液化和燃烧等工艺过程均有一定的影响，有些矿物对这些过程有催化作用，有些则有阻滞作用。因此，测定煤中矿物质对于研究煤质特性和煤的加工转化都有着比较重要的意义。

七、煤灰熔融性

煤灰熔融性是在规定条件下得到的随加热温度而变化的煤灰变形、软化、呈半球和流动特征的物理状态。当在规定条件下加热煤灰试样时，随着温度的升高，煤灰试样会从局部熔融到全部熔融并伴随产生一定的特征物理状态——变形、软化、呈半球和流动。测定方法是：将煤灰制成一定尺寸的三角锥，在一定的气体介质中，以一定的升温速度加热，观察灰锥在受热过程中的形态变化，观测并记录它的四个特征熔融温度：变形温度（DT）、软化温度（ST）、半球温度（HT）、流动温度（FT）。人们就以这四个特征物理状态相对应的温度来表征煤灰熔融性。

八、煤的气化指标

煤经过气化转变为气体燃料，便于运输、净化，具有燃烧稳定、净化后减轻环境污染等优点，因而比煤直接燃烧更为优越。因此，将煤炭转变为优质能源或产品的多种技术中，煤的气化是一种重要的加工工艺。不同的气化工艺对煤质的要求也有所不同，为使气化工艺顺利进行并获得满足要求的煤气，需要具有一定质量和物理化学特性的原料煤。因此，除了必须了解煤的工业分析、元素分析、硫含量等一般指标外，还必须了解煤的黏结性、落下强度、热稳定性、灰熔融性、煤对 CO_2 化学反应性和结渣性等与气化过程密切相关的一些特性。

(一)煤的落下强度

煤的落下强度（SS）测定方法：将粒度为 60～100mm 的块煤，从 2m 高处自由落下到规定厚度的钢板上，然后依次将落到钢板上、粒度大于 25mm 的块煤再次落下，共落下 3 次，以 3 次落下后粒度大于 25mm 的块煤占原块煤煤样的质量分数表示煤的落下强度。

(二)煤的热稳定性

煤的热稳定性测定方法：量取粒度为 6～13mm 的煤样，在 (815 ± 15)℃的马弗炉中隔绝空气加热 30min 称量、筛分，以粒度大于 6mm 的残焦质量占各级残焦质量之和的百分数作为热稳定性指标 TS_{+6}；以粒度为 3～6mm 和小于 3mm 的残焦质量分别占各级残焦质量之和的百分数作为热稳定性辅助指标 $TS_{3\sim6}$、TS_{-3}。

(三)煤对 CO_2 化学反应性

煤对 CO_2 化学反应性测定方法：将煤样干馏除去挥发物，然后将其筛分并选取一定粒度的焦渣装入反应管中加热；加热到一定的温度后，以一定的流量通入二氧化碳与试样反应；测定反应后气体中二氧化碳的含量，以被还原成一氧化碳的二氧化碳量占通入的二氧化碳量的百分数即二氧化碳还原率 α，将其作为煤对二氧化碳化学反应性的指标。

九、煤炭物理化学性质及机械性质

煤的物理化学性质包括煤的密度、孔隙度、比表面积等。

煤的机械性质是煤在外来机械力作用下表现的各种特性，其中比较重要的是煤的硬度、脆度、可磨性和弹性等。煤的机械性质在煤的开发及加工利用方面有重要的应用价值，并能为煤结构的研究提供重要信息。

(一)煤的真相对密度

煤的真相对密度测定方法：以十二烷基硫酸钠溶液为浸润剂，使煤样在密度瓶中润湿沉降并排出吸附的气体，根据煤样排出的同体积水的质量计算出煤的真相对密度。

(二)煤的视相对密度

煤的视相对密度测定方法：先测定液体石蜡与同体积水之比的相对密度，然后称取一定质量 3～6mm 粒级的煤样放入密度瓶中，再测出煤样排开同体积液体石蜡的质量，计算 20℃时煤的视相对密度。

(三)煤的可磨性

实验室的可磨性测定一般是模拟实际生产中磨煤机的工作条件采用专门的仪器设备进行的，一般多采用哈氏可磨性测定仪测定煤的可磨性指数，其测定方法是：将一定粒度范围和质量的煤样，经过哈氏可磨性测定仪研磨后，在规定的条件下筛分，称量筛上煤样的质量。由研磨前的煤样量减去筛上煤样量得到筛下煤样的质量，再从由标准煤样绘制的校准图上查得哈氏可磨性指数。

十、煤的工艺性质

（一）煤的黏结性和结焦性

煤的黏结性是指烟煤干馏时产生的胶质体，黏结自身或外来的惰性物质的能力。它是煤干馏时所形成的胶质体显示的一种塑性。

煤的结焦性是指单种煤或配合煤在工业焦炉或模拟工业焦炉的炼焦条件下，黏结成块并最终形成具有一定块度和强度的焦炭的能力。

（二）黏结指数

黏结指数是判别煤的黏结性和结焦性的一个关键性指标。

黏结指数的测定方法：将一定质量的试验煤样和专用无烟煤在规定条件下混合，快速加热成焦，所得焦块在一定规格的转鼓内进行强度检验，用规定的公式计算黏结指数，以表示试验煤样的黏结能力。

十一、低煤阶煤的特性指标

低煤阶煤是指碳含量（C_{daf}）低、氧含量（O_{daf}）和挥发分产率（V_{daf}）高、干燥无灰基高位发热量（$Q_{gr,daf}$）较低的褐煤、长焰煤和某些挥发分在 30% 以上的不黏煤。低煤化度煤的特点是其化学反应性好，煤内部的孔隙度大，含水分高，物理吸附性强，且常含有不同数量的腐植酸。低煤阶煤的特性指标主要有透光率、腐植酸等。

（一）低煤阶煤的透光率

低煤阶煤的透光率是指低煤化度煤和稀硝酸溶液在（99.5±0.5）℃的沸腾水浴温度下加热 90min 后所产生的有色有机溶液对一定波长（采用 475nm）的光的透过百分率。通常煤化度越低的煤，越容易与稀硝酸起化学反应，从而使生成的有色溶液的色泽越深，其透光率也就越低。一般年轻褐煤与稀硝酸反应后的有色溶液常呈很深的暗红色，它们的目视比色法透光率多在 16% 以下；较年老褐煤与稀硝酸反应后的有色溶液多呈浅红色甚至红黄色，它们的透光率多在 30%～40%；年老褐煤与稀硝酸反应后的有色溶液常呈浅红黄色至深黄色，它们的透光率多在 40%～50%。

（二）煤的腐植酸

通常煤质分析中只测定游离腐植酸和总腐植酸，测定方法有容量法、残渣法等。容量法的测定原理是：用焦磷酸钠碱液或氢氧化钠溶液从煤样中抽提腐植酸；再在强酸性溶液中用重铬酸钾将腐植酸中的碳氧化成二氧化碳，根据重铬酸钾消耗量和腐植酸含碳比，计算腐植酸的产率。残渣法的测定原理是：用焦磷酸钠碱液或氢氧化钠溶液从煤样中抽提腐植酸，将煤样中的有机质减去抽提后的不溶物中的有机质，求得总腐植酸或游离腐植酸产率。

十二、煤岩鉴定

煤岩鉴定根据《烟煤显微组分分类》(GB/T 15588—2013)中的要求进行。

煤作为一种岩石，在显微镜下，它由多种性质不同的显微组分组成，其物质组成具有明显的不均一性，这些显微组分的不同反映出了煤在外表形态、硬度、光学性质及其显微结构上的差异。通过应用煤岩学特别是煤岩鉴定测试指标与煤变质程度之间关系的研究，有助于认识煤岩成分性质，加深对煤质特征的了解。煤岩鉴定主要包括煤的显微组分和矿物质、煤的镜质组反射率等的测定。

(一)煤的显微组分和矿物质

显微组分是指煤在显微镜下能够区别和辨识的最基本的组成成分，是显微镜下能观察到的煤中成煤原始植物残体转变而成的有机成分。煤不是均一的物质，而是由各种性质不同的组分所组成。煤由显微组分组成，煤的同种显微组分在化学性质和物理性质上相近，但有变化。按其成因和工艺性质的不同，大致可分为镜质组、壳质组和惰质组三大类。依据颜色、形态、结构和突起等特征划分显微组分，根据各种成因标志在显微组分中进一步细分出亚组分。

煤中的矿物质：煤是由有机组分和无机组分组成的。煤的有机组分是指煤的显微组分，煤的无机组分是指在显微镜下能观察到的煤中矿物，以及与有机质相结合的各种金属、非金属元素和化合物。按矿物成分和性质，可将煤中的矿物质分为黏土类矿物、硫化物类矿物、碳酸盐类矿物、氧化物类矿物和硫酸盐类矿物。

(二)煤的镜质组反射率

煤的镜质组反射率是不受煤的岩石成分含量影响，但却能反映煤化程度的一个指标。煤的镜质组反射率随它的有机组分中碳含量的增高而增高，随挥发分产率的增高而降低。镜质组反射率能较好地反映煤的变质程度，因此，它是一个很有前途的煤分类指标，特别是对无烟煤阶段的划分，灵敏度大，是区分年老无烟煤、典型无烟煤和年轻无烟煤的一个较理想的指标。目前在国际上已有许多国家采用镜质组反射率作为一种煤炭分类指标。此外，煤的镜质组反射率在评价煤质及煤炭加工利用等方面都具有重要意义。

镜质组反射率是指由褐煤、烟煤或无烟煤制成的粉煤光片，在显微镜油浸物镜下，镜质体抛光面的反射光(入射光波长 $\lambda = 546\ mm$)强度对其垂直入射光强度的百分比。

十三、成浆浓度

水煤浆是由煤、水和少量添加剂经过物理加工过程制成的具有一定细度、能流动的稳定浆体。成浆浓度的技术要求：Ⅰ级为＞66.0%；Ⅱ级为 64.1%～66.0%；Ⅲ级为 60.1%～64.0%。

《水煤浆试验方法 第 2 部分：浓度测定》(GB/T 18856.2—2008)中水煤浆浓度的测定有两种方法：干燥箱干燥法和红外干燥法。干燥箱干燥法是称取一定量的水煤浆试样，于 105～110℃下干燥至恒重，干燥后的试样质量占原样质量的百分数作为水煤浆浓度。红外干燥法是称取一定量的试样置于红外水分测定仪内，试样中的水分在红外线的照射下迅速蒸发，干燥至恒重，干燥后的试样质量占原样质量的百分数作为水煤浆成浆浓度。

水煤浆成浆浓度按以下公式计算：

$$C = \frac{m_1}{m_0} \times 100$$

式中，C 为水煤浆成浆浓度，%；m_1 为试样干燥后的质量，g；m_0 为试样质量，g。

水煤浆成浆浓度测定结果修约至小数点后一位，精密度为两次重复测定结果的绝对值不得超过 0.2%。

十四、扫描电镜

扫描电镜主要是研究固体表面形貌，并可进行多种信息图像观察、结构分析和微区成分的定性和定量分析。扫描样品形貌时，立体感很强，图像的层次清晰。放大倍数可在 10 倍至 20 万倍的范围内变化，并且在任意放大倍数时，聚焦、辉度、反差等自动补偿可使图像一直处于最佳状态(图 4-3)。

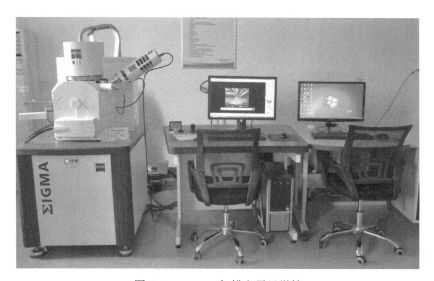

图 4-3　ΣIGMA 扫描电子显微镜

利用场发射扫描电镜可以观察到煤、页岩等纳米级孔隙、空洞、裂缝(裂隙)的发育、分布情况、连通情况、孔隙结构等。扫描电镜结合能谱又能识别有机质与矿物类型，能谱可以分析 5 号元素(B)及其以后的所有元素周期表中的元素，其检测限为 0.1%。

在进行扫描电镜观察前需对样品进行氩离子抛光，样品制备方法如下：

(1) 把样品切成厚度 3mm，长宽各 8mm 的块状；

(2) 用 2000 号砂纸对 3mm 宽的待抛光面进行打磨；

(3) 在超声波仪中清洗样品并晾干；

(4) 用银胶把样品粘在金属挡板上，待牢固后放入抛光仪进行抛光，抛光时间不少于 3h；

(5) 抛光完毕后对样品进行喷金；

(6) 将样品放入扫描电镜进行观察。

对于煤、煤矸石及页岩样品，处理方法大致相同。

十五、X 射线衍射测试

X 射线衍射分析(图 4-4)简称 XRD，是利用晶体形成的 X 射线衍射对物质内部原子在空间分布状况下的结构进行分析的方法。将具有一定波长的 X 射线照射到结晶性物质上时，X 射线因在结晶内遇到规则排列的原子或离子而发生散射，散射的 X 射线在某些方向上的相位得到加强，从而显示与结晶结构相对应的特有的衍射现象。其特点在于可以获得元素存在的化合物状态、原子间相互结合的方式，从而可以进行价态分析。

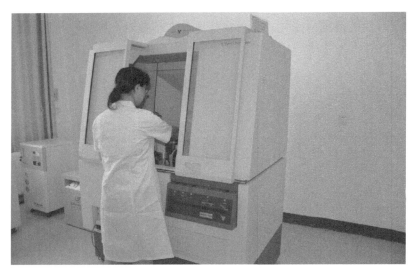

图 4-4　X'Pert3 Powder X 射线衍射仪

X 射线衍射测试前需要对样品进行处理，方法如下。

(一)黏土定量分析流程

(1) 取样：泥岩 5g、砂岩 10g。

(2) 碎样：粉碎至粒级为 1mm 左右。

(3) 浸泡：一般用 100mL 烧杯清水浸泡 12h 以上，使黏土由粒表、粒间脱落。

(4) 处理：经搅拌、超声波处理，使黏土充分分散于水中，絮凝样品(由于多含有酸根离子、有机质，样品悬浮差或不悬浮)需解絮凝，根据不同情况有超声仪(细胞破碎仪)处理、加解絮凝剂等方法。

(5)提取：根据斯托克斯法提取<5μm(砂岩)或<2μm 粒级组分至 10mL 试管中。

(6)离心：在离心机中一般用 4000r/min 的转速离心 10min，倒掉上部清水。

(7)制 N 片(自然片)：离心后的试管中加入 6～7mL 清水，充分搅拌并在槽式超声波仪上超声分散 5～10min 后倒入载玻片，中部呈 25mm×25mm 方形，自然风干。

(8)上机测 N 片：存 N 片图谱。

(9)乙二醇饱和处理：测试后的 N 片放入密封的放有乙二醇的干燥皿中置于 50℃烘箱中至少 7h。

(10)上机测 E 片(乙二醇饱和片)：存 E 片图谱。

(11)高温处理：测试后的样品置于马弗炉中用 450℃高温处理 3～4h。

(12)上机测 T 片(高温片)：存 T 片谱图。

(二)全岩定量分析流程

全岩定量分析流程较黏土矿物分析简单，分析流程如下。

(1)取样：取 3～4g。

(2)碎样：将样品在研钵或碎样机中粉碎至粒径<40μm 或手摸无粒感。

(3)压片：将碎后的样品压入专用样品架中。

(4)上机测试：存全岩谱图。

十六、电感耦合等离子体质谱测试

质谱仪分析方法原理：将样品转化为运动的气态离子，通过分析离子的质荷比(m/z)来实现有机物和无机物的定性和定量分析、复杂化合物的结构分析、各种同位素比的测定；通过分子离子、碎片离子、重排离子等信息，进行化合物结构分析及分子量的确定；由分子离子峰可以确定化合物的分子量，由碎片离子峰可以得到化合物的结构。

电感耦合等离子体质谱仪(图 4-5)测试方法介绍：该方法是以电感耦合等离子体为激发光源的一种发射光谱分析方法，分析工作是在等离子发射光谱上进行的，其分析原理是由高频发生器产生的高频感应电流通过感应圈时，在石英矩管内形成轴向闭合磁力线，同时在磁力线的垂直方向上产生 10nm 瞬间涡电流，后者将氩气离解为在宏观上数目相等的电子和离子。高速运动着的电子和离子在复合过程中将产生高稳热源，元素周期表中的大多数金属元素的原子在该热源作用下都将被激发。元素的原子被激发后发出辐射光，后经光栅分解、光电转变、定时积分、数据处理之后，由计算机直接打印出试样中元素的百分含量。

采用电感耦合等离子体质谱法测定 Cu、Pb、Zn、Co、Ni、Cd、Mo 等元素，具体流程为：称取 0.1000～0.5000g(精确至 0.0002g)分析煤样(称取标样 0.2g)，平铺在灰皿中，室温下置于马弗炉中，半开炉门灰化，温度从室温升到(550±10)℃，在此温度下灰化

图 4-5　电感耦合等离子体质谱仪

2h 以上，至无黑色颗粒为止。取出已经灰化好的灰样，转移至 50mL 聚四氟乙烯烧杯中，用少量二次水润湿，样品试料于 50mL 聚四氟乙烯烧杯中用几滴水润湿，加入 5mL 盐酸、3mL 硝酸、10mL 氢氟酸、1mL 高氯酸，将聚四氟乙烯烧杯置于 220℃的电热板上蒸发至高氯酸冒烟约 3min，取下冷却；再依次加入 5mL 硝酸、5mL 氢氟酸及 1mL 高氯酸，于电热板上加热 10min 后关闭电源，放置过夜后，再次加热至高氯酸烟冒尽。趁热加入 8mL 王水，在电热板上加热至溶液体积剩余 2～3mL，用约 10mL 去离子水冲洗杯壁，微热 5～10min 至溶液清亮，取下冷却；将溶液转入 25.0mL 有刻度值带塞的聚乙烯试管中，用去离子水稀释至对应刻度，摇匀，澄清。移取清液 1.00mL 于聚乙烯试管中，用硝酸稀释至 10.0mL，摇匀，准备上机测定。

第五节　测试质量控制

按照 ISO9001 质量管理体系及其他相关质量管理体系文件，测试结果执行三级审核，测试中所带标准物质不少于 10%，随时监控检测质量。

一、制样过程的质量控制

收到煤炭样品，根据委托单将样品逐一核对一致后，参照《煤样的制备方法》（GB/T 474—2008）中的要求对样品进行破碎、缩分。缩分采用切乔特经验公式，即

$$Q = Kd^2$$

式中，Q 为样品最低可靠质量，kg；d 为样品中最大颗粒直径，mm；K 为根据岩样品特性确定的缩分系数。

将样品缩分为两份，一份将样品制成分析所需样品，另一份为备查样品(粒度为3.00mm)留存。煤样制备流程见图 4-6。

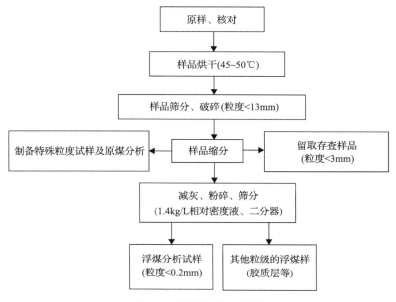

图 4-6　煤样制备流程图

二、试验过程中的质量控制

试验过程中选用符合标准要求的、通过检定的 AE100 电子天平、101-2ES 鼓风干燥箱、GDW-Q 多功能低温干馏测试仪和原子吸收分光光度计、电感耦合等离子体光谱仪、电感耦合等离子体质谱仪、扫描电镜等仪器。

三、试验结果的质量控制

在测试过程中，每项分析试验应对同一样品进行两次平行测定，两次测值的差不超过规定限度，即同一化验室允许差"T"，则取其算术平均值作为测定结果，否则须进行第三次测定。如三次测值的极差小于 $1.2T$，则取三次测值的算术平均值作为测定结果，否则须进行第四次测定。如四次测值的极差小于 $1.3T$，则取四次测值的算术平均值作为测定结果；如极差大于 $1.3T$，而其中三个测值的极差小于 $1.2T$，则可取 3 个测值的算术平均值作为测定结果。如上述条件均未达到，则应舍弃全部测定结果，并检查仪器和操作，然后重新进行测定。

对样品进行平行样测试的同时，测试结果须三级审核，并按规定带进煤标准物质进行质量控制，保证了试验数据的准确性。

为加强质量控制，保证检测结果的准确，配备了 GBW11101x、GBW11102q、GBW11107u、GBW11108L、GBW1113g、GBW1108m、GBW11109k、GBW11101z、

GBW11103k、GBW11110L、GBW11115、GBW11116、GBW11127、GBW11129 等标准物质。

四、外部质量控制（外检）

抽检测试样品的 5%送至具备同样资质的同行实验室进行测试，将测试结果与原测试结果比对，满足再现性限要求。

第五章

清洁用煤煤质评价指标体系

    不同的煤质指标对焦化用煤、动力用煤、直接液化用煤和气化用煤(固定床气化用煤、流化床气化用煤、水煤浆气流床气化用煤、干煤粉气流床气化用煤)有不同的影响,为了便于评价,应根据工艺的不同确定影响各种化工用煤的主要煤质指标,本书提出了适合我国焦化用煤、动力用煤、直接液化用煤和气化用煤的煤质综合评价体系,并跟踪煤液化、气化、焦化技术发展对煤质要求的变化,建立了焦化用煤、动力用煤、直接液化用煤和气化用煤动态评价指标体系。

第一节　焦化用煤煤质评价指标体系

一、焦化用煤的种类

    焦化是煤炭深加工利用的重要途径之一。将煤在隔绝空气的条件下进行干馏,其产物主要有挥发性的气体(煤气、焦油气、蒸汽等)、不挥发性的液体(主要是煤焦油)和固体残留物——焦炭。根据干馏条件的不同,可分为低温干馏(500～550℃)、中温干馏(700～900℃)和高温干馏(950～1050℃)三种。不同干馏条件下干馏产品的产率、性质、组成和用途也有较大差别。低温干馏主要是制取煤气和低沸点的烃类,以褐煤和低变质程度的烟煤(高挥发分)为主要原料。始于16世纪的高温炼焦是为满足炼铁需要而发展起来的。通过300多年的发展,高温炼焦技术日臻完善。目前,焦炉已向大型化(加大炭化室尺寸)和高效化(减薄炭化室炉墙,提高炭化室温度)发展,使焦炭产量有了很大增加,以适应冶金、化工等行业发展的需要。但是,焦炭需求量与优质炼焦煤储量之间的矛盾日益突出(目前世界煤炭探明可采储量6万亿t,其中炼焦煤约1万亿t,且焦化煤资源主要集中在美国、中国和俄罗斯三国,约占3／4,其余分布在澳大利亚、波兰和哥伦比亚等国),为缓解这一矛盾,要靠配煤炼焦和用非炼焦煤炼焦技术的发展。目前,以弱黏煤/不黏煤为原料的炼焦新工艺已达到工业化水平,从而成为解决用非焦化煤种炼出优质焦炭的主要方法。型煤炼焦经过近 30 年的试验和发展,将成为今后发展冶金焦和非冶金焦的重要方向(德国每年处理 7000 多万吨褐煤用于生产褐煤焦)。

在隔绝空气条件下加热到 950～1050℃,经过干燥、热解、熔融、黏结、固化、收缩等阶段最终形成的焦炭,广泛应用于高炉冶炼、铸造、气化和化工等部门作为燃料或原料;炼焦过程中得到的干馏煤气经回收、精制得到各种芳香烃和杂环化合物,可作为合成纤维、染料、医药、涂料和国防等工业原料。

焦化用煤需用洗选的精煤。在我国现行煤炭分类中,适于炼焦的煤种主要是气煤、肥煤、焦煤、瘦煤和弱黏煤。前四种煤为焦化煤,弱黏结煤则是介于焦化煤和非焦化煤之间的煤种,可以用作焦化配煤。《商品煤质量 炼焦用煤》(GB/T 397—2022)中规定了冶金焦用煤的类别为气煤、1/3 焦煤、气肥煤、肥煤、焦煤、瘦煤,也可通过采用新的炼焦工艺利用弱黏煤、褐煤进行炼焦。我国炼焦煤资源丰富,但以高挥发分气煤(包括 1/3 焦煤)为主,而肥煤、焦煤、瘦煤加在一起尚不到炼焦煤储量的 50%。其中,约有一半的肥煤、瘦煤为高硫煤,约有 30%的炼焦煤为高硫、高灰煤。因此,资源状况决定了长期以来我国优质炼焦煤处于短缺局面。随着国内外钢铁、机械制造等行业的不断发展以及高炉不断大型化,不仅对焦炭需求量越来越大,而且对焦炭的质量指标要求越来越高,更加剧了优质炼焦煤的供需矛盾(王利斌等,2003)。

在适于炼焦的这几种煤当中,随着其煤化程度的不同,其结焦性和焦化产率也有所不同。例如,就结焦性的好坏而言,焦煤是结焦性最好的一种炼焦煤,大多数焦煤在单独炼焦时,能获得块度大、裂纹少、强度高和耐磨性好的优质冶金焦炭,但用这种煤单独炼焦时,收缩度小,膨胀压力大,在生产中常会因推焦困难而损坏焦炉。就焦化产率的高低而言,气煤是焦化产率最高的一种炼焦煤。在炼焦时,气煤一般都能单独炼焦,但在结焦过程中收缩大,焦炭多细长而易碎,并常有较多的纵裂纹。在炼焦时多配入这种煤,可以降低焦炉的膨胀压力,增大焦饼的收缩,增加化学产品的产率。

在现代炼焦生产中,采用单种煤炼焦的极少,绝大多数都是采用配煤炼焦。在炼焦配煤中,必须根据煤种的不同煤化度进行适当的搭配,并使其控制在一定的范围之内。只有这样,才能在保证焦炭质量要求的前提下,合理利用我国的煤炭资源。

随着炼焦技术的发展,炼焦配煤已经不只限于上述几种适合炼焦的煤种,还可以扩大到使用部分非炼焦用煤。例如,瘦煤结焦性差,在配煤炼焦中仅起瘦化剂的作用,而无烟煤是一种高含碳量的强瘦化剂,因此用无烟煤代替瘦煤作为配煤炼焦是可行的。实践证明,在炼焦过程中加入适量(3%～10%)且适当粒度的无烟煤进行炼焦,既可提高焦炭成焦率,以及冶金焦的机械强度,又可降低原料煤的采购成本(程万国等,2000;王元顺等,2002;叶元樵,2002;高磊等,2002;盛建文等,2002);在采用开发出的型焦工艺用煤中,低阶无烟煤炼制的型焦质量达特级、一级铸造焦标准或一级冶金焦标准(王燕芳等,2001)。添加无烟煤,采用捣固炼焦配煤工艺,只要合理调整配比、粒度和工艺参数,焦炭质量完全可以达到一级冶金焦要求,同时亦可满足出口焦炭的目标要求(韩永霞等,2000;王利斌等,2003)。在生产铸造焦的过程中,为了增大焦炭的块度,有时也配入无烟煤等作瘦化剂。

不黏煤本身没有黏结性,单独炼焦时不结焦,配入该煤后会使焦炭的机械强度变坏,尤其是配煤中肥煤的配入量较少时更为明显。从不黏煤的煤质分析看,其是低灰、低硫、挥发分较高、变质程度较低的煤,这些指标与气煤接近,配入后对焦炭的胶质层指数 Y 值、黏结指数 $G_{R.I}$ 值、灰分、硫分和煤气发生量等影响不大,因此,在配煤中配入少量不黏煤(≤5%)取代气煤(崔洪江等,2002)。同理,实际炼焦时也可配入少量长焰煤(刘建清和孟繁英,2002)。

在实际炼焦生产中,为了节约成本、提高经济效益,在采用新的配煤工艺的前提下,不黏煤、长焰煤、贫煤和无烟煤等传统的非炼焦煤已普遍被作为炼焦配煤,但毕竟配入量较少。因此,在此所讨论的炼焦煤仍然指的是传统的炼焦煤。

适合作为焦化用煤的煤类主要有气煤、气肥煤、1/3 焦煤、肥煤、焦煤、瘦煤,其中 1/3 焦煤、肥煤、焦煤、瘦煤为主焦煤,气煤、气肥煤为炼焦配煤。

二、煤质指标对炼焦的影响

根据国家相关标准、收集的资料、调研及测试成果,从挥发分、黏结指数、灰分、硫分、磷分、全水分、可选性等煤质指标来分析对炼焦的影响。

(一)评价指标

1. 挥发分

挥发分不是煤中的固有物质,而是煤在特定加热条件下的热分解产物,煤的挥发分称为挥发分产率更为确切。挥发分与煤的煤化度关系密切,我国和世界上许多国家都以挥发分作为煤的第一分类指标,以表征煤的变质程度,但该指标受煤岩成分组成的干扰是个无法弥补的缺陷。挥发分在炼焦过程中的作用是不可忽略的,它在炼焦过程中促进胶质体流动,在成焦后形成了焦炭的部分气孔(胡德生等,2000)。

一般焦化用煤的挥发分在 14%~38%,通过配煤,装炉煤中还允许有少量煤的挥发分超过上述范围。就炼制优质焦来说,应尽可能使装炉煤的挥发分低些,这样成焦率也有所增高。但是低挥发分烟煤往往具有强膨胀性,多用低挥发分煤,可能使推焦发生困难,甚至有损焦炉炉体,因此炼焦工艺多数要用配煤(陈鹏,2006)。

2. 黏结指数

煤的黏结性与结焦性是评价炼焦煤的主要指标。煤的黏结性是指烟煤在干馏时黏结其本身或外加惰性物的能力,反映了烟煤在干馏过程中能够软化熔融形成的胶质体并固化融结的能力,是煤形成焦炭的前提和必要条件,炼焦煤中肥煤的黏结性最好。煤的结焦性是指煤在工业焦炉或模拟工业焦炉的炼焦条件下,结成具有一定块度和强度焦炭的能力,反映烟煤在干馏过程中软化熔融黏结成半焦、半焦进一步热解和收缩以及最终形成焦炭的能力。由此可见,结焦性好的煤除具备足够而适宜的黏结性外,还应在半焦到焦炭阶段具有较好的结焦能力。在焦化用煤中焦煤的结焦性最好。结焦性好的煤必须具有良好的黏结性，但黏结性好的煤却不一定能炼出高质量的焦炭。

黏结指数不但能较好地表征煤的黏结性，全面评价焦化用煤的质量和性质，还可用作指导炼焦配煤、预测焦炭强度及作为煤分类等的较好指标。灰分对黏结指数测定值影响较大，但对黏结性强的焦煤、肥煤影响较小（陈鹏，2006）。

考察煤的结焦性，目前多通过 10kg 小焦炉实验测得的焦炭强度指数（抗碎指数 M40 和耐磨指数 M10）作为其衡量指标，M40 越高、M10 越低，焦炭质量越好，产品级别越高（欧阳曙光等，2003）。黏结指数是我国煤炭分类的主要指标之一（胡德生等，2000）。

3. 灰分

在炼焦过程中，煤中的灰分全部转入焦炭中，灰分是焦炭中的有害杂质。煤的灰分高，焦炭的灰分必然也高。由于灰分的主要成分是 SiO_2、Al_2O_3 等酸性氧化物，熔点较高，在炼铁过程中只能靠加入石灰石等溶剂与它们生成低熔点化合物才能以熔渣形式由高炉排出，因而会使炉渣量增加。焦炭在高炉内被加热到高于炼焦温度时，由于焦炭与灰分的热膨胀性不同，焦炭沿灰分颗粒周围产生裂纹并逐渐扩大，使焦炭碎裂或粉化。此外，焦炭灰分高，则要求适当提高高炉炉渣碱度，高炉气中的钾、钠蒸气含量也相应增加，而这些均加速焦炭与 CO_2 反应从而消耗大量焦炭。

一般焦炭灰分每升高 15%，高炉溶剂消耗量约增加 4%。炉渣量约增加 3%，每吨生铁消耗焦炭量增加 1.7%～2.0%，生铁产量降低 2.2%～3.0%。因此，对焦化用煤而言，灰分应尽可能低些。炼焦浮煤的灰分一般应在 10.00% 以下，最高不应超过 12.5%（陈鹏，2006）。

在冶金工业中，主要是利用焦炭（冶金焦）的发热量，而灰分和发热量呈反比关系（李春林，1995；尤玲和陈新，1998）。灰分含量越高，焦炭的固定碳含量越低，发热量越低，同时也会降低焦炭的强度，冶炼时的焦比增加，高炉排渣量增加，进而对冶炼工艺造成不利的影响。另外，炼焦浮煤的黏结指数与其灰分大小有着显著的线性相关关系，浮煤的黏结指数值随灰分的减小而提高（钱纳新和杨建旗，2001）。

4. 硫分

煤中硫的赋存形态通常可分为有机硫和无机硫两大类。无机硫又可分为硫化物硫和硫酸盐硫及微量的元素硫，有时含有微量的元素硫。有机硫的含量一般较低，但在低硫煤中所占的比例要大些，其组成较复杂。无机硫以硫化物硫中的黄铁矿硫为主，其他形式者较少，通过洗选可以除去一部分，其脱除程度因黄铁矿形态的硫含量、黄铁矿的夹杂特性以及煤的洗选程度而异。有机硫基本上脱除不掉，因此，影响焦炭质量的主要是有机硫。总的来说，焦炭中硫含量是随着煤中硫的增高而增高的。

硫无论是对炼焦还是焦炭在炼铁中的应用都是最有害的杂质之一，挥发硫大部分可回收，部分散失会污染环境。煤中的硫有 80%～85% 保留到焦炭中，而焦炭中的硫会严重影响生铁的质量，因此对焦化用煤来说，全硫含量＜1%（陈鹏，2006）。

焦炭含硫高会使生铁含硫高，增大其热脆性，同时还会增加炉渣碱度，使高炉运行指标下降。通常焦炭硫分每增加0.1%，焦炭消耗量增加1.2%～2.0%，生铁产量减少2%以上。此外，焦炭中的硫含量高还会使冶炼过程中的环境污染加剧。

5. 磷分

煤中的磷主要是无机磷（如磷灰石）及微量有机磷。磷在煤中的含量一般不超过0.1%，最高也不超过1%。磷与硫不一样，炼焦时，煤中的磷全部转入焦炭中；用焦炭炼铁时，焦炭中的磷大部分进入生铁中，使钢铁发生冷脆。同时，因磷不能与熔剂化合，也会给高炉的生产带来困难。

6. 全水分

装炉煤全水分的多少，以间接或直接方式影响着炼焦的过程。全水分含量会影响装炉煤的堆密度，这就可能影响生成焦炭的强度和其他性质。煤中全水分含量少时，以质量为基准计算的煤炭等有效成分就多，使焦炉生产能力增强；同时减少了焦化过程中脱水所需要的热量，降低了能耗。全水分过高会造成不易过筛及混配料，而且有时会造成堵料，增加输煤操作成本。但是过分干燥的炉料又带来煤尘逸散的问题，严重污染环境。此外，煤料入炉后，无水煤在焦炉内会引起更大的膨胀压力，影响焦的收缩过程。因此装炉煤要求适量的全水分，以满足工艺操作和焦炭质量的要求，生产实践中把入炉煤全水分控制在5%～7%（潘黄雄，1994）。

7. 可选性

炼焦时一般不用原煤，原煤多经洗选然后按一定原则进行配煤后才入炉炼焦，因此，对炼焦煤而言，煤的可选性也是一个重要的评价指标。决定煤的可选性的因素有：矿物的分布、密度及其表面性质，煤的密度，煤层的结构和构造，煤岩类型，煤的煤化程度等，其中矿物的分布状态是影响可选性的关键因素。评价煤的可选性的方法有多种，如中煤含量法、可选性曲线形状法、用煤岩学的观点评价煤可选性的方法（如浮煤产率法、煤样密度组成法）等（代世峰和任德贻，1996）。

（二）焦化用煤评价技术要求

1. 焦化用煤评价指标体系

综上所述，影响焦化用煤质量的因素较多，首先是合适的煤类选择，主要有1/3焦煤、肥煤、焦煤、瘦煤，气煤和气肥煤可作为配煤。挥发分和黏结指数是划分煤类的主要参数，由于本书已经确定了炼焦煤的煤类，不再考虑挥发分和黏结指数这两个指标。全水分在炼焦用煤中影响较小，本书不将其作为评价指标。因此焦化用煤主要考虑灰分、硫分、磷分三个煤质指标，其中灰分、硫分为浮煤指标，适合焦化用煤的评价指标体系见表 5-1。

表 5-1　焦化用煤评价指标体系 （单位：%）

煤类	指标等级	灰分	硫分	磷分
气煤	一级指标	≤8.00	≤0.50	
	二级指标	>8.00～10.00	>0.50～1.00	
气肥煤	一级指标	≤10.00	≤0.75	
	二级指标	>10.00～12.50	>0.75～1.25	
1/3 焦煤	一级指标	≤8.00	≤0.50	
	二级指标	>8.00～10.00	>0.50～1.00	<0.05
肥煤	一级指标	≤10.00	≤0.75	
	二级指标	>10.00～12.50	>0.75～1.25	
焦煤	一级指标	≤10.00	≤0.75	
	二级指标	>10.00～12.50	>0.75～1.25	
瘦煤	一级指标	≤10.00	≤0.75	
	二级指标	>10.00～12.50	>0.75～1.25	

注：表中灰分、硫分为浮煤指标，原煤经过浮沉试验后，密度≤1.4g/cm^3，浮煤回收率≥40%。

2. 指标确定依据

1）可选性

从冶炼浮煤的回收率看，抚顺矿区最高，达到 98.96%，山西焦煤集团有限责任公司的浮煤回收率也在全国平均值（60.84%）以上，达到 69.14%，而开滦矿区的浮煤回收率不到 39%，表明开滦矿区的肥煤和 1/3 焦煤以及焦煤的可选性均较差，而七台河和徐州矿区的浮煤回收率更是低至 37%以下，可选性最差的是水城和海勃湾矿区，浮煤回收率不到 32%（申明新，2006）。

采样测试数据中，位于山西太原以西的西山矿区的炼焦浮煤回收率测试结果在 11.13%～70.00%，平均 43.03%。位于山西河东煤田南部的乡宁矿区韩咀煤矿炼焦浮煤回收率测试结果在 25.31%～45.85%，平均 37.88%。

通过采样的测试数据分析及资料整理，本书可选性以原煤经过浮沉试验后，密度≤1.4g/cm^3 时浮煤回收率≥40%作为评价指标。

2）灰分

在中国的炼焦煤资源中，以低变质的气煤和 1/3 焦煤所占的比例较多，其占全国炼焦煤资源的 45.73%，焦煤的比例居第二位，为 23.61%，瘦煤占 15.89%，肥煤（包括气肥煤）所占比例相对较少，为 12.81%，未分类的不足 2%。从以上数据可以看出，强黏结性的肥煤和焦煤的比例只占 1/3 稍多，黏结性较弱的高变质的瘦煤的比例也不少，最多的则是高挥发分的气煤和 1/3 焦煤。因此本书评价指标体系气煤和 1/3 焦煤的灰分、硫分指标取值相对严格，气肥煤、肥煤、焦煤、瘦煤的灰分、硫分指标取值相对宽松。本书参考了表 5-2 中各矿务局(煤矿)冶金焦用煤技术条件中的灰分和硫分指标。

表 5-2　各矿务局(煤矿、煤电公司)冶金焦用煤技术条件

标准号	标准名称	项目与技术要求	
		灰分/%	硫分/%
MT 107.11—1985	冶炼用鹤壁精煤质量标准	≤10.50	≤0.40
MT 292.1—1992	冶金焦用抚顺矿务局煤技术条件	≤12.50	≤0.80
MT 293.1—1992	冶金焦用南桐矿务局煤技术条件	≤12.50	≤2.00
MT 295.1—1992	冶金焦用沈阳矿务局煤技术条件	≤12.00	≤2.00
MT 296.1—1992	冶金焦用双鸭山矿务局煤技术条件	≤9.50	≤0.50
MT 298.2—1992	冶金焦用水城矿务局煤技术条件	≤12.50	≤1.50
MT 299.3—1992	冶金焦用鹤岗矿务局煤技术条件	≤10.50	≤0.30
MT 300.1—1992	冶金焦用盘汇矿务局煤技术条件	≤12.50	≤0.50
MT 302.1—1992	冶金焦用韩城矿务局煤技术条件	≤11.00	≤1.00
MT 107.5—1995	冶金焦用永荣矿务局煤技术条件	≤11.00	≤1.00
MT/T 340.1—1994	冶金焦用淮北矿务局煤技术条件	≤12.50	≤1.00
MT/T 341.1—1994	冶金焦用大屯煤电公司煤技术条件	≤9.50	≤0.70
MT/T 342.1—1994	冶金焦用七台河矿务局煤技术条件	≤12.50	≤0.30
MT/T 343.1—1994	冶金焦用西山矿务局煤技术条件	≤11.00	≤1.00
MT/T 345.2—1994	冶金焦用霍州矿务局煤技术条件	≤11.00	≤1.00
MT/T 348.1—1994	冶金焦用萍乡矿务局煤技术条件	≤10.50	≤1.00
MT/T 349.1—1994	冶金焦用潞安矿务局煤技术条件	≤10.50	≤0.40
MT/T 431.1—1995	冶金焦用丰城矿务局煤技术条件	≤12.50	≤1.50
MT/T 433.4—1995	冶金焦用窑街矿务局煤技术条件	≤10.00	≤1.00
MT/T 434.1—1995	冶金焦用六枝矿务局煤技术条件	≤12.50	≤2.50
MT/T 435.1—1995	冶金焦用通化矿务局煤技术条件	≤12.50	≤0.80
MT/T 437.1—1995	冶金焦用—平浪煤矿煤技术条件	≤11.50	≤1.50
MT/T 438.1—1995	冶金焦用后所煤矿煤技术条件	≤12.50	≤0.50
MT/T 510.2—1995	冶金焦用乌达矿务局煤技术条件	≤7.00	≤2.01
MT/T 512.2—1995	冶金焦用平顶山矿务局煤技术条件	≤11.50	≤1.00
MT/T 513.2—1995	冶金焦用邯郸矿务局煤技术条件	≤11.00	≤1.50
MT/T 514.1—1995	冶金焦用徐州矿务局煤技术条件	≤11.00	≤1.00
MT/T 598.1—1996	冶金焦用攀枝花矿务局煤技术条件	≤11.50	≤0.70
MT/T 601.1—1996	冶金焦用涟邵矿务局煤技术条件	≤11.50	≤1.00

标准号	标准名称	项目与技术要求	
		灰分/%	硫分/%
MT/T 602.2—1996	冶金焦用天府矿务局煤技术条件	≤12.50	≤1.50
MT/T 603.2—1996	冶金焦用华蓥山矿务局煤技术条件	≤12.50	≤3.00
MT/T 606.1—1996	冶金焦用开滦矿务局煤技术条件	≤11.50	≤1.20
MT/T 607.1—1996	冶金焦用淮南矿务局煤技术条件	≤11.50	≤1.00
MT/T 608.1—1996	冶金焦用兖州矿务局煤技术条件	≤11.50	≤1.00
MT/T 611.1—1996	冶金焦用淄博矿务局煤技术条件	≤12.00	≤1.00
MT/T 612.1—1996	冶金焦用枣庄矿务局煤技术条件	≤9.00	≤2.50
MT/T 614.1—1996	冶金焦用广旺矿务局煤技术条件	≤12.50	≤1.50
MT/T 615.1—1996	冶金焦用田坝煤矿煤技术条件	≤12.50	≤0.25
MT/T 616.1—1996	冶金焦用坪石矿务局煤技术条件	≤10.00	≤2.50
MT/T 617.1—1996	冶金焦用中梁山矿务局煤技术条件	≤12.50	≤1.50
MT/T 618.1—1996	冶金焦用汾西矿务局煤技术条件	≤10.50	≤1.50
MT/T 725.2—1997	冶金焦用新汶矿务局煤技术条件	≤10.50	≤1.00
MT/T 726.2—1997	冶金焦用肥城矿务局煤技术条件	≤10.00	≤2.50
MT/T 729.3—1997	冶金焦用义马矿务局煤技术条件	≤12.50	≤1.50
MT/T 730.1—1997	冶金焦用鸡西矿务局煤技术条件	≤12.50	≤0.50

通过采样的测试数据分析可知，乡宁矿区内煤类以焦煤为主，瘦煤、贫煤次之，$2^{\#}$ 煤层灰分含量 2.88%～38.04%，平均 16.56%，洗选后灰分含量普遍小于 8%；西山矿区内煤类主要为焦煤、肥煤、瘦煤，区内 $2^{\#}$ 煤层灰分含量 6.87%～39.19%，平均 21.25%，洗选后灰分含量普遍小于 8%。

《商品煤质量 炼焦用煤》（GB/T 397—2022）中炼焦用煤灰分分级见表 5-3。

表 5-3 炼焦用煤灰分等级与指标要求　　　　　　　　　　　（单位：%）

类型	单种煤灰分（A_d）
A1	$A_d \leq 6.00$
A2	$6.00 < A_d \leq 8.00$
A3	$8.00 < A_d \leq 10.00$
A4	$10.00 < A_d \leq 12.50$
A5	$12.50 < A_d \leq 14.00$

本书将气肥煤、肥煤、焦煤、瘦煤灰分分级确定为一级≤10.00%，二级>10.00%～12.50%；气煤和 1/3 焦煤灰分分级确定为一级≤8.00%，二级>8.00%～10.00%。

3）全硫含量

在中国的炼焦煤减灰后的浮煤中，全硫以气肥煤的最高，全硫含量平均达到 2.17%。全硫最低的是低变质的气煤和 1/3 焦煤，全硫含量分别为 0.51% 和 0.55%。而变质程度稍高的肥煤和焦煤的全硫含量超过 1%，分别为 1.07% 和 1.15%。瘦煤的平均全硫含量超过 1%。可以看出，中国炼焦煤中的全硫以年轻的气煤和 1/3 焦煤、年老炼焦煤相对较高。

《商品煤质量 炼焦用煤》（GB/T 397—2022）中冶金炼焦用煤全硫等级与指标要求见表 5-4。

表 5-4 炼焦用煤全硫等级与指标要求 （单位：%）

类型	单种煤全硫（$S_{t,d}$）
S1	$S_{t,d} \leqslant 0.50$
S2	$0.50 < S_{t,d} \leqslant 1.00$
S3	$1.00 < S_{t,d} \leqslant 1.50$
S4	$1.50 < S_{t,d} \leqslant 2.00$
S5	$2.00 < S_{t,d} \leqslant 2.50$

乡宁矿区全硫含量在 0.13%～2.93%，平均 0.53%，大部分为特低—低硫煤。

西山矿区全硫含量在 0.24%～3.92%，平均 0.96%，大部分为特低—低硫煤。

本书参考了表 5-2 各矿务局冶金焦用煤技术条件中全硫含量指标。

综合分析后，将气肥煤、肥煤、焦煤、瘦煤全硫含量分级确定为一级≤0.75%，二级＞0.75%～1.25%；气煤和 1/3 焦煤硫分分级确定为一级≤0.50%，二级＞0.50%～1.0%。

4）磷分

《商品煤质量 炼焦用煤》（GB/T 397—2022）中对磷分要求：一级＜0.01%，二级＞0.01%～0.05%，三级＞0.05%～0.10%，四级＞0.10%～0.15%。

陈鹏（2006）认为煤中磷分一般控制在 0.05%～0.06%范围。

通过采样的测试数据分析可知，乡宁矿区韩咀煤矿磷含量为 0.005～0.121μg/g，平均为 0.0321μg/g，西山矿区磷含量为 0.003～0.0161μg/g，平均为 0.0062μg/g。

本书将磷分确定为＜0.05%。

第二节 动力用煤煤质评价指标体系

一、概述

煤炭是我国的主要一次能源，每年以燃烧方式消耗的煤炭达 11 亿 t。燃煤供应品种多，质量不均一、不稳定，煤质不适应燃煤设备要求是当前燃煤效率低、污染排放严重的重要原因。动力用煤主要指发电用煤及工业锅炉、窑炉用煤，从广义上讲，包括高炉喷吹用煤等。动力用煤占煤炭总消费量的 80% 以上，甚至有时可达 93% 以上，其中发电用煤占 32%，工业锅炉、窑炉用煤约占 35%以上，民用及其他占 10%以上。与发达国家相比，我国工业锅炉平均热效率要低 15%～20%，发电用煤平均煤耗要高出约 30%。燃煤排放的固态粉尘及 SO_2 分别占总粉尘和总 SO_2 排放量的 50%和 80%以上，特别是在燃用高硫煤时，缺乏先进的脱硫、脱氮技术，这也是燃煤污染的一大原因(陈鹏，2006)。

所有的煤均可作为动力用煤，但一般所指的动力用煤通常包括褐煤、无烟煤和烟煤中的非炼焦煤部分(长焰煤、不黏煤、弱黏煤、贫煤等)。我国动力煤资源十分丰富，储量大、品种齐全，但组成和分布有着自己的特点。据"中国煤种资源数据库"资料分析表明,我国动力用煤占资源量的大多数,其中褐煤占 12.53%,烟煤中非炼焦煤占 34.72%,无烟煤占 11.81%,而炼焦煤仅占 26.92%。认识和掌握这些特点，有利于动力煤的开发、生产和利用(戴和武等，1997)。

在动力用煤的应用方面，我国于 20 世纪 80 年代研究并应用了动力配煤技术。该技术是将不同类别、不同品质的煤经过筛选、破碎和按比例配合的过程，根据不同类型电厂锅炉、工业锅炉、窑炉以及喷吹用煤等对煤质的要求，将两种(或多种)不同品质的煤按一定比例均匀混合，改变其化学组成、物理特性和燃烧特性，使之成为煤质互补，优化产品结构，为用户提供质量稳定、均匀、符合燃烧与环境保护要求的煤料，达到提高燃煤效率和减少污染物排放的目的，可视为现实、经济的可行措施。动力配煤技术的核心是燃煤的均质化(陈鹏，1997；李文华和姜利，1997)。

煤炭燃烧是煤中可燃成分(碳、氢、硫等)与空气中的氧气进行剧烈的化学反应，放出大量的热并生成烟气和灰渣的过程。其主要反应为

$$挥发分+O_2 \longrightarrow CO_2+H_2O(不完全燃烧反应时为 C_mH_n)$$

$$C+O_2 \longrightarrow CO_2(不完全燃烧反应时为 CO)$$

$$S+O_2 \longrightarrow SO_x(不完全燃烧反应时为 SO_2)$$

$$N+O_2 \longrightarrow NO_x(不完全燃烧反应时为 NO_3)$$

煤的燃烧过程必须具备三个条件：①供应燃烧所需的空气量；②保持高温环境；③燃料和空气充分混合与良好接触。燃烧主要是煤的化学能向热能的转换过程，故要求煤燃烧时放热越多越好，即热效率越高越好。但热效率的高低受许多因素控制，主要有燃烧设备的性能与操作、燃烧方式、煤的成分和质量等。对于既定的燃烧设备来讲，其燃烧方式是确定的，因此，影响热效率高低的主要因素就是煤质问题。

在近代燃煤技术中，按煤在气流中的运动状况来划分燃烧方法，大体上可分为层状燃烧、悬浮燃烧(包括旋风燃烧)和流化床燃烧三种，燃烧设备分别为层燃炉(固定床)、煤粉炉(气流床)、旋风炉(旋转气流床)和流化床燃烧炉(沸腾床)。

二、煤质指标对动力用煤的影响

动力用煤必须考虑不同炉型用煤的煤质控制指标与最佳范围、影响燃烧特性的主要

煤质指标、煤中不同岩相组成对燃烧特性及燃烬性能的影响、煤中有害元素在燃烧过程中的形态变化、逸散、交互作用及控制方法等(陈鹏,1997)。为确保煤炭的合理利用和对路供应,我国已制定出有关工业用煤质量的国家标准,这些标准对煤质指标均作出了具体而明确的规定(表 5-5)。

表 5-5　部分动力煤用煤技术条件规定采用的煤质指标

标准	《商品煤质量 发电煤粉锅炉用》(GB/T 7562—2018)	《商品煤质量 水泥回转窑用煤》(GB/T 7563—2018)	《商品煤质量抽查和验收方法》(GB/T 18666—2014)	动力配煤标准			
				北京	天津	上海	江苏
规定的煤质指标	$Q_{net,ar}$	$Q_{net,ar}$	$Q_{gr,d}$	$Q_{gr,ad}$	$Q_{net,ar}$	$Q_{net,ar}$	$Q_{net,ar}$
	V_{daf}	V_{daf}		V_{ad}	V_{daf}	V_{daf}	$V_{daf,ar}$
	A_d	A_d	A_d	A_d			A_{ar}
	M_t			$M_{t,ar}$	$M_{t,ar}$	$M_{t,ar}$	$M_{t,ar}$
	$S_{t,d}$	$S_{t,d}$	$S_{t,d}$			$S_{t,ar}$	$S_{t,ar}$
	ST						
	粒度	煤的类别和粒度		粒度	粒度	粒度	粒度
	HGI					CRC	
							FC

注：$Q_{net,ar}$-收到基低位发热量；$Q_{gr,ad}$-分析基高位发热量；$Q_{gr,d}$-干燥基高位发热量；A_d-灰分；M_t-全水分；$M_{t,ar}$-收到基水分；$S_{t,d}$-干燥基全硫；$S_{t,ar}$-收到基全硫；ST-软化温度；HGI-哈氏可磨性指数；CRC-焦渣特征；FC-固定碳含量。

　　在资源调查和地质勘探阶段,对动力煤质量进行评价必须充分考虑这些标准对各项煤质指标的要求。质量指标的选取应遵循如下 4 个基本原则(李文华和姜利,1997):

(1)应能最大限度地反映出煤的燃烧特性;

(2)测定应简单、易行,最好能实现快速检测或在线检测;

(3)应与有关工业用煤质量国家标准相配套;

(4)应与用户燃煤设备对煤质的要求相配套。

　　由表 5-5 可见,对动力用煤而言,比较重要的煤质指标有发热量、挥发分、灰分、全硫、水分、煤灰熔融性和结渣性、黏结性和结焦性(一般用焦渣特征来衡量)、可磨性和粒度、煤中的微量元素。一般而论,低灰、高挥发分的煤热值相对高、着火容易,燃烧强度及稳定好。

　　下面分别论述各种煤质指标对煤炭燃烧及其对环境的影响。

(一)发热量

　　使用动力用煤,目的就是要利用它的发热量。煤的发热量是锅炉设计的主要依据,不同型号的锅炉对发热量有不同的要求,因此,发热量是动力用煤的首要质量指标,一般以较高发热量为宜。但煤发热量的高低只意味着它的理论燃烧热量的大小,并不意味着热能利用率的高低。煤的发热量过高或过低均会给锅炉运行带来不利影响,煤发热量应与锅炉炉型相适应,以提高锅炉热效率,充分利用其热能。煤发热量的表征方式有多种，在实际应用中比较普遍采用的主要有收到基低位发热量($Q_{net,ar}$)和干燥无灰基高位发热量($Q_{gr,daf}$)，前者主要反映了煤中可利用热量的大小，后者主要反映了煤中有机质发热量的高低。煤发热量的测定也相对比较简单。

《煤炭质量分级　第 3 部分：发热量》(GB/T 15224.3—2022)采用干燥基高位发热量($Q_{gr,d}$)表征煤的发热量高低。

（二）挥发分

挥发分不是煤中固有成分，是煤在隔绝空气条件下受热分解后的产物。其在煤的燃烧中是与过程有关的一个参数，取决于煤阶、升温速率、着火温度、流化速度、煤岩组成、粒度等。煤中挥发分的析出先是通过燃烧前的热分解，初次和二次热分解产物的质与量直接影响到炉体结构设计、火焰稳定性、飞灰碳含量(陈鹏，1997)。

挥发分是煤中的可燃、易燃成分，其高低在一定程度上反映了煤着火引燃的难易程度。一般来说，煤的挥发分越高，越易着火，固定碳也越易燃尽，在发热量相同的情况下，燃用挥发分高的煤，锅炉的热效率也会较高。即使挥发分相同的煤，其挥发分开始析出的温度、析出的强度以及挥发分的发热量等之间仍可存在较大差异。这些差异在一定程度上便决定了煤的着火温度的不同及引燃速度的高低。其总的趋势是随挥发分的增高，煤的着火温度逐渐降低，但对于同一挥发分的煤而言，其着火温度仍可相差 120～200℃。这说明挥发分只能定性描述煤的着火性能(李荫重等，1997)。

挥发分不同于其他煤质特性指标。挥发分过高，易造成存煤及制粉系统自燃爆炸，锅炉设备被烧坏；挥发分过低，又会造成燃烧不稳，甚至导致锅炉灭火。因而不同锅炉对燃煤挥发分有着特定的要求。作为质量评定指标来说，其允许差要求有正负向的不同，呈现更为复杂的情况(修淑云等，2002)。

挥发分是评价动力用煤的重要指标，其测定方法比较简单可靠，但规范性很强。根据煤炭行业标准《煤的挥发分产率分级》(MT/T 849—2000)，采用干燥无灰基挥发分(V_{daf}，%)。

（三）水分

煤中水分的高低对煤的着火和燃烧有着直接的影响,其影响既有利也有弊。水分高,煤在被加热过程中由于水的蒸发而吸收的热量就大，为使煤着火引燃，就需要消耗更多的热量，使着火延迟和着火温度升高。同时水分的存在会使燃烧生成的烟气体积增大，造成排烟热损失增大和引风机电耗增加。但煤中保持一定的水分，对层状燃烧过程还是有利的，因水分的蒸发能疏松煤层，空气更易透入煤层的各个部分而有利于煤的燃烧。适量的水分可将煤屑、煤粉与煤块黏附在一起，防止粉屑飞扬和下漏，提高煤的利用率。此外，对黏结性较强的煤，适量的水分可使煤层不致过分结焦，同时还会加大排烟损失，降低锅炉热效率。在冬季，有时还会给煤的装卸带来一定的困难。

一般采用收到基全水分($M_{t,ar}$)表征煤的含水量高低。

（四）灰分

灰分是煤中的不可燃成分，反映煤中矿物质的数量和成分，无论是对着火引燃还是对稳定燃烧都有不利的影响。灰分越高，发热量就越低，煤焦裹灰现象就越严重，煤焦的燃烬也就越困难；在煤燃烧时会分解吸热；燃用高灰煤时炉温会大大降低，使煤着火困难。除矿物质可能产生的催化作用外，它的存在都起着负面影响，如增大飞灰损失和灰渣热损失，降低燃烧效率和锅炉的热效率。此外，灰分的大量排放对环境将造成很大的压力，煤中的很多有害成分均富集于灰中，所以对动力用煤的灰分必须加以限制。灰分的测定简单、易行且能够实现在线检测。

根据国标《煤炭质量分级 第 1 部分：灰分》（GB/T 15224.1—2018），采用干燥基灰分（A_d）表征煤的灰分高低。

（五）全硫

硫是煤中的有害成分，是燃煤过程中最重要的污染源。煤燃烧时，煤中的硫转化为 SO_2 和 SO_3，SO_3 遇水又转化为硫酸，腐蚀锅炉尾部受热面，降低锅炉寿命。排放到大气中的 SO_2 和 SO_3 也会进一步转化为硫酸，形成酸雨，现在我国酸雨区的面积正在扩大，在部分地区酸雨的 pH 已达 3.0，所以对动力用煤的硫分必须加以限制。

根据国标《煤炭质量分级 第 2 部分：硫分》（GB/T 15224.2—2021），采用干燥基全硫（$S_{t,d}$）加以表征。

（六）煤灰熔融性和结渣性

煤灰熔融性是评价煤灰是否容易结渣的一个重要指标，对锅炉的热效率、运行及燃烧完全性有很大的影响。煤灰没有固定的熔点，而是在一定温度范围内熔融，其熔融温度的高低，从本质上讲取决于煤灰的化学组成及其结构，同时与测定时的气氛条件有关。一般用变形温度（DT）、软化温度（ST）、半球温度（HT）和流动温度（FT）来表征，其中较常用的是软化温度。煤灰软化温度（ST）实际上是煤灰开始熔融的温度。

当煤灰熔点较低时，炉膛温度容易达到或超过软化温度，煤灰容易结成渣块。对层燃炉来说，煤灰结渣后，通风阻力增加，排渣较困难，使炉渣含碳量升高即物理性不完全燃烧，热损失上升，热效率下降，破坏了正常燃烧的工况；有时炉渣会粘在炉内受热面如炉墙、管壁或炉排上，传热恶化，造成局部高温或破坏炉排均匀布风，严重影响锅炉的安全、清洁和正常运行，故灰熔点低的煤不利于锅炉的经济运行。因此，对层燃炉而言，一般要求煤的灰分要低些，灰熔点要高些。对煤粉锅炉来说，灰熔点较低易使炉膛内壁爬渣，在高温对流过热的管子上搭桥，使燃烧状况恶化，严重时还会引起锅炉爆炸。因此，为保证锅炉运行安全，应采用液态排渣。当灰熔点过高时，在层燃炉中煤灰呈粉末状，渣块小，透气性差，对燃烧不利。因此，动力用煤应对煤熔融性作出规定。但煤灰熔融性的测试设备较为昂贵，方法也较为复杂，建议将其作为参考指标。

近年来在国内发展并得到了广泛应用的结渣判别指标可分为灰熔点(T_2)、灰成分(常用碱酸比 B/A、硅铝比 SiO_2/Al_2O_3)及灰黏度三种类型,与结渣关系最为密切的是灰成分及灰熔点,通过测定煤中矿物质的成分组成及灰的熔化温度,可以宏观地了解煤的结渣特性,也是确定结渣判别指标的基础(邱建荣等,1994)。

锅炉结渣通常也可用结渣指数 R_S 表示:

$$R_S=(灰中碱性氧化物/灰中酸性氧化物) \times S_{t,d}$$

R_S 值越大,结渣越严重。灰中碱性氧化物($Fe_2O_3+CaO+MgO+Na_2O+K_2O$)与酸性氧化物($SiO_2 + Al_2O_3+TiO_2$)的比值 P(或 B/A)越大,则煤灰熔融温度越低;反之,则越高。对同一产地的同一种煤(P 值一定)来说,$S_{t,d}$ 高者,R_S 值大,结渣性强;P 值与 $S_{t,d}$ 值越小,则锅炉越不易结渣。故煤灰熔融性作为煤质评定指标,其值是单向性的,即对固态排渣煤粉锅炉来说期望灰熔融温度越高越好,对液态排渣锅炉的要求则刚好相反(修淑云等,2002)。

另外,随着 $Q_{net,ar}$ 的增大,结渣潜在危险性增高;反之,$Q_{ner,ar}$ 低的煤,即使煤灰软化温度很低,也不致发生严重结渣。

(七)黏结性和结焦性

煤的黏结性和结焦性指标对动力煤来说也很重要。强黏结性的煤在炉内受高温作用时,床层表面会产生板状结焦,造成燃烧过程中通风条件恶化,使燃烧过程不能继续进行,所以强黏结性煤是不适于层状燃烧的。结焦性高的煤在燃烧过程中易鼓泡,结成焦块,出现火口,布风不均,火苗不匀,炉渣含碳量高,热效率降低。无结焦性的煤在燃烧时出现的粉末易被风吹起或被烟气带走或从炉排孔中漏掉。所以,动力煤最好能具有适度的结焦性。

从我国煤炭资源特点看,强黏结性煤所占比例较少,且大部分用于炼焦生产,只有少部分高灰、高硫、难洗选的炼焦煤为动力用煤,所以对动力用煤的黏结性指标可不作规定。

(八)可磨性和粒度

可磨性是表征燃煤磨制成粉难易程度的特性指标。测定可磨性有各种方法,但其基本原理是一样的。世界上普遍采用哈氏法来测定可磨性。我国标准《煤的可磨性指数测定方法 哈德格罗夫法》(GB/T 2565—2014)也是采用哈氏法,其测试值称为哈氏可磨性指数,用符号 HGI 来表示。哈氏法只适用于硬煤(无烟煤与烟煤)。在电厂,提供可靠的哈氏可磨性指数对于选择磨煤机的类型与容量、预测磨煤机所需动力及了解磨煤机运行工况等方面均是不可缺少的数据。除少数国家外,电厂锅炉设计人员均习惯使用 HGI 值来决定制粉设备。可磨性作为煤质评定指标,其值也是单向性的,即期望 HGI 值要大一些为好,这样对电厂的经济运行有利(修淑云等,2002)。

对以层状燃烧为主的工业锅炉和窑炉来说,比较适宜燃用具有一定粒度的块煤,煤可磨性的影响是很小的。而对于采用室燃方式的煤粉锅炉来说,可磨性的影响比较显著。我国发电厂均采用煤粉锅炉,对原料煤的粒度无特殊要求,但对可磨性有一定要求。因此,煤粒度在动力煤用户的煤质评价中可作为参考指标,但在资源调查和地质勘探中不作为评价指标。

(九)煤中的微量元素

动力煤燃烧产生的飞灰、灰渣影响烟囱排放及占地、微尘及微量有害金属对大气的污染以及灰渣有害元素积聚造成对水质的污染是我国目前污染的重要来源。煤中 As、F、Cr、Pb、Hg、Cd、Cl 等有害元素在燃烧过程中向大气排放。例如,西南个别地区燃煤引起的 F、As 中毒;北方某地燃煤的 Cr 异常;等等。煤中有放射性的元素如 U、Th,有毒元素 Hg、Tl、Be、Cd、Pb,致癌元素 Be、Cd、Cr、Ni、Pb、As 等的潜在影响,都受到广泛关注。因此,必须考虑动力用煤中微量有害元素的排放、逸散和交互影响。

三、煤的燃烧方式及其对煤质的基本要求

要探讨动力煤的资源评价指标,有必要了解动力煤的燃烧方式及其对煤质的基本要求。

(一)煤的层状燃烧及其对煤质的基本要求

动力煤的主要用户之一是工业锅炉、窑炉等,煤的燃烧方式以层状燃烧为主。

在固定床层燃炉中,新燃料被直接投加到炽热的火床上,绝大部分燃料在火床上燃烧,只有少部分细粒煤和挥发分被带入炉膛内悬浮燃烧。在这种燃烧方式中,由于新加燃料受火床和炉膛内高温火焰及炉墙的辐射,形成强烈的双面点火,所以无论什么燃料,着火都无问题,但其燃烧速度(强度)和燃烧稳定性却受燃料灰分、发热量、黏结性及粒度等因素的影响(李荫重等,1997)。

在固定床层燃炉中,链条炉是国内最多的机械化燃烧设备之一,其加煤方式为前饲式,新燃料在炉排的带动下自前向后缓慢移动,在炉膛中从燃料进入口到另一端依次经历了受辐射加热、经加热的煤到开始析出挥发分并着火、主要燃烧阶段和燃烬阶段。链条炉内煤的着火主要是依靠炉膛的热辐射来进行,是单面引燃,着火条件比较差,因此它的煤类适应性较差。同时在整个燃烧过程中,料层无法扰动,料层的热量传递较慢。为使链条炉内燃料点火快而且燃烧强度和稳定性好,就需要根据锅炉本身的结构选择适合的煤,其对煤质的基本要求见表 5-6(杨松君和陈怀珍,1999)。《商品煤质量　链条炉用煤》(GB/T 18342—2018)规定的用煤技术条件见表 5-7～表 5-9。

表 5-6　链条炉对煤质的一般要求

煤质指标	基本要求
V_d	>15%(以利于引燃)
A_d	10%～30%(<10%时会因没有足够的灰渣层厚度而烧坏炉排)
$Q_{net,daf}$/(MJ/kg)	18.80～20.90

煤质指标	基本要求
ST	>1250℃
M_t	<20%
黏结性	为使床层保持良好的通风性和床料均匀，燃料的黏结性要适中
粒度	燃料粒度要控制合理，以保证燃烬

表 5-7　链条炉用煤发热量等级与指标要求

发热量等级/(kcal/kg)	5500	5000	4500	4000
指标要求 $Q_{net,ar}$/(MJ/kg)	≥22.99	≥20.09	≥18.81	≥16.72

注：1cal=4.1868J。

表 5-8　链条炉用煤全硫等级与指标要求　　　　　　（单位：%）

全硫等级	S1	S2	S3
指标要求 $S_{t,d}$	$S_{t,d}$≤0.50	0.50<$S_{t,d}$≤1.00	1.00<$S_{t,d}$≤1.50

表 5-9　链条炉用煤的其他指标要求

项目	指标要求
A_d/%	≤30.00
ST/℃	≥1150
P_d/%	≤0.100
Cl_d/%	≤0.150
As_d/%	≤40
Hg_d/%	≤0.600

注：P_d、Cl_d、As_d、Hg_d 分别表示干燥基磷含量、氯含量、砷含量、汞含量。

(二)煤的悬浮燃烧及其对煤质的基本要求

目前，在我国大型电厂的电站锅炉多用煤粉炉和沸腾炉。与其他工厂用的工业锅炉相比，电站锅炉的热效率高，多达90%以上，工业锅炉的热效率多在60%～80%。另外，电站锅炉容量大、蒸汽参数高、自动化程度高。在煤粉炉中，燃料与空气的接触表面大大增加，燃烧更加猛烈，炉内温度更高，因此，无烟煤、贫煤和烟煤都能在煤粉炉中有效燃烧。由于煤粉炉需要一套复杂的制粉系统和设备，并且运行电耗较大，维修工作量也重，阻碍了煤粉锅炉在工业锅炉中的应用，加上粉尘排放量大、不能低负荷运行等缺点，在较小的工业锅炉中一般不采用煤粉炉。目前35t/h以上的工业锅炉均倾向采用煤粉炉。

煤粉炉运行主要考虑的因素有煤粉细度、着火温度、发热量等，从煤质指标上而言，影响着火过程的因素主要是挥发分，其次为灰分和水分，且水分对燃烧的影响比灰分大得多。煤粉细度受煤的可磨性控制。发热量是锅炉设计的一个重要依据,由于电厂煤粉对煤类适应性较强,只要煤的发热量与锅炉设计要求大体相符即可。发热量与煤类、水分和灰分有关,当煤类确定时,发热量基本上取决于其水分和灰分的高低,即发热量与水分、灰分成反比。灰熔融性、硫分、氮含量、其他有害元素也是经常需要考虑的因素。

由煤炭与电力行业共同起草的、主要针对电力行业用煤的国家标准《商品煤质量抽查和验收方法》(GB/T 18666—2014)中规定,在商品煤质量验收时,对于原煤、筛选煤和其他洗煤(包括非冶炼用精煤),其检验项目为发热量(或灰分)和全硫,对其他指标未做规定,但同时又指出,除上述检验项目外,贸易双方也可根据有关工业用煤技术条件约定其他检验项目,并按合同规定进行质量评定。一般说来,其他约定指标为挥发分(V_{daf})、灰熔融性及哈氏可磨性指数,它们对电力生产均有重要影响。由于各电厂锅炉设计煤质及设备状况的不同,可考虑选择的其他煤质特性指标也不尽相同。在挥发分、灰熔融性及可磨性中,可选择其中一两项或全部作为约定指标。为了保持燃烧稳定,则可将挥发分作为约定指标;为了防止锅炉结渣,则可将灰熔融性作为约定指标;如电厂磨煤机出力的裕度不大,则可将哈氏可磨性指数作为约定指标(修淑云等,2002)。

吴宽鸿等(2002)认为,煤炭硫分分级应引入发热量。发热量表达形式采用 $Q_{net.ar}$。吴宽鸿等收集的资料表明,工业用动力煤以电煤为主,大部分电厂用煤在 20.91MJ/kg 左右,但各煤矿供湖北的煤炭的热值比较高,64%的煤矿的煤炭发热量在 23.00MJ/kg,但这只能说明在市场经济情况下,煤矿供煤质量越来越好,并不能说明电厂实际用煤情况。因此,把动力煤的基准热量定为 20.91MJ/kg 较合适。国家环境保护总局(现称为生态环境部)《关于划分高污染燃料的规定》中把固硫蜂窝型煤的基准热值规定为 20.91MJ/kg。在此基础上,根据公式计算煤的全硫含量,确定硫分分级。

《商品煤质量 发电煤粉锅炉用煤》(GB/T 7562—2018)中关于发电煤粉锅炉的指标要求见表 5-10~表 5-12。不同煤产地煤的发电煤粉锅炉用煤技术条件见表 5-13。

表 5-10 发电煤粉锅炉用煤发热量等级与指标要求

产品类别	指标要求	发热量等级						
		5800kcal/kg	5500kcal/kg	5000kcal/kg	4500kcal/kg	4000kcal/kg	3500kcal/kg	3000kcal/kg
发电煤粉锅炉用无烟煤	$Q_{net,ar}$/(MJ/kg)	≥24.24	≥22.99	≥20.09	≥18.81			
发电煤粉锅炉用低挥发分烟煤		≥24.24	≥22.99	≥20.09	≥18.81			
发电煤粉锅炉用中-高挥发分烟煤		≥24.24	≥22.99	≥20.09	≥18.81	≥16.72		
发电煤粉锅炉用褐煤						≥16.72	≥14.63	≥12.54

5-11 发电煤粉锅炉用煤全硫等级与指标要求 (单位：%)

全硫等级	S1	S2	S3	S4	S5
指标要求 $S_{t,d}$	$S_{t,d}≤0.50$	$0.50<S_{t,d}≤1.00$	$1.00<S_{t,d}≤1.50$	$1.50<S_{t,d}≤2.00$	$2.00<S_{t,d}≤2.50$

5-12 发电煤粉锅炉用煤的其他指标要求　　　　　　　　　　　　（单位：%）

项目	发电煤粉锅炉用 无烟煤	发电煤粉锅炉用 低挥发分烟煤	发电煤粉锅炉用 中-高挥发分烟煤	发电煤粉锅炉用 褐煤
A_d	≤35.00	≤35.00	≤35.00	≤30.00
P_d	≤0.100			
Cl_d	≤0.150			
As_d	≤40			
Hg_d	≤0.600			

表 5-13　不同煤产地煤的发电煤粉锅炉用煤技术条件

标准号	煤产地	项目与技术要求				
		V_{daf}/%	$Q_{net,ar}$/(MJ/kg)	A_d/%	$S_{t,d}$/%	ST/℃
MT/T 735.1—1997	蒲白矿务局	10.00～20.00	>23.00	≤25.00	≤2.00	≥1350
MT 107.3—1985	大同	≥28	≥24.00	≤12.00	≤1.2	≥1100
MT 107.7—1985	鹤壁	≥14	≥23.00	≤26.00	≤2.5	≥1300
MT 292.2—1992	抚顺矿务局	≥37	≥14.00	≤20.00	≤0.8	≥1400
MT 293.2—1992	南桐矿务局	≥37	≥18.00	≤34.00	≤5.00	≥1250
MT 294.1—1992	平庄矿务局	>40.00	≥11.70	≤40.00	≤2.00	≥1250
MT 295.2—1992	沈阳矿务局	≥20.00	≥11.00	≤40.00	≤3.00	≥1250
MT 296.2—1992	双鸭山矿务局	>28.00	≥21.00	≤24.00	≤0.50	≥1200
MT 297.4—1992	阳泉矿务局	≤10.00	≥23.00	≤24.00	≤2.00	≥1300
MT 298.3—1992	水城矿务局	≥21.00	≥21.00	≤35.00	≤1.00	≥1250
MT 299.1—1992	鹤岗矿务局	>30.00	≥17.00	≤34.00	≤0.30	≥1350
MT 300.2—1992	盘汇矿务局	≥28.00	≥20.00	≤32.00	≤1.00	≥1200
MT 301.1—1992	铁法矿务局	≥37.00	≥12.00	≤40.00	≤2.00	≥1200
MT 302.2—1992	韩城矿务局	≤22.00	≥18.00	≤32.00	≤3.00	≥1350
MT 303.1—1992	舒兰矿务局	≥40.00	≥11.00	≤40.00	≤0.70	≥1350
MT 304.1—1992	霍林河矿务局	≥46.00	≥10.50	≤40.00	≤0.50	≥1200
MT 306.1—1992	铜川矿务局	≥16.00	≥20.00	≤40.00	≤5.00	≥1200
MT/T 340.2—1994	淮北矿务局		≥14.60	≤40.00	≤1.00	≥1350
MT/T 341.2—1994	大屯煤电公司	≥34.00	≥14.00	≤32.00	≤1.00	≥1350
MT/T 342.5—1994	七台河矿务局		≥20.00	≤25.00	≤0.30	≥1300
MT/T 343.2—1994	西山矿务局	≥15.00	≥13.00	≤35.00	≤2.00	≥1400
MT/T 344.1—1994	龙口矿务局	≥40.00	≥17.00	≤26.00	≤0.70	≥1150
MT/T 345.1—1994	霍州矿务局	≥28.00	≥21.00	≤28.00	≤2.50	≥1350

续表

标准号	煤产地	项目与技术要求				
		$V_{daf}/\%$	$Q_{net,ar}/(MJ/kg)$	$A_d/\%$	$S_{t,d}/\%$	$ST/℃$
MT/T 346.1—1994	大雁矿务局	≥40.00	≥12.00	≤30.00	≤0.75	
MT/T 347.1—1994	扎赉诺尔矿务局	≥43.00	≥11.50	≤40.00	≤0.50	≥1120
MT/T 348.2—1994	萍乡矿务局	≥28.00	≥14.50	≤46.00	≤1.00	≥1350
MT/T 349.2—1994	潞安矿务局	≥13.00	≥20.00	≤32.00	≤0.40	≥1400
MT/T 430.3—1995	永荣矿务局		≥20.50	≤33.00	≤1.50	≥1300
MT/T 431.2—1995	丰城矿务局	≥20.00	≥16.00	≤40.00	≤2.00	≥1400
MT/T 433.1—1995	窑街矿务局	≥32.00	≥18.50	≤24.00	≤1.00	≥1250
MT/T 434.2—1995	六枝矿务局	≥10.00	≥22.00	≤30.00	≤5.00	≥1200
MT/T 435.2—1995	通化矿务局	≥20.00	≥14.00	≤46.00	≤0.80	≥1400
MT/T 436.1—1995	临沂矿务局	≥28.00	≥20.00	≤40.00	≤3.00	≥1250
MT/T 438.2—1995	后所煤矿		≥19.00	≤32.00	≤1.00	≥1250
MT/T 439.1—1995	曲仁矿务局	≥9.00	≥20.00	≤30.00	≤1.50	≥1400
MT/T 509.1—1995	海勃湾矿务局	≥28.00	≥19.00	≤20.00	≤3.00	≥1250
MT/T 510.1—1995	乌达矿务局		≥21.00	≤18.00	≤3.00	≥1300
MT/T 512.1—1995	平顶山矿务局			≤55.00	≤3.00	
MT/T 513.3—1995	邯郸矿务局	≥26.00	≥14.50	≤46.00	≤3.00	≥1350
MT/T 514.2—1995	徐州矿务局		≥16.50	≤34.00	≤1.00	≥1350
MT/T 598.2—1996	攀枝花矿务局	≥13.00	≥13.50	≤40.00	≤0.60	≥1200
MT/T 599.1—1996	资兴矿务局	≥20.00	≥12.50	≤46.00	≤1.00	≥1350
MT/T 600.1—1996	白沙矿务局	≥4.00	≥21.00	≤26.00	≤0.70	≥1350
MT/T 601.2—1996	涟邵矿务局	≥7.50	≥20.50	≤34.00	≤2.00	≥1350
MT/T 602.1—1996	天府矿务局	≥13.00	≥21.00	≤30.00	≤3.00	≥1300
MT/T 603.1—1996	华蓥山矿务局	≥19.00	≥20.00	≤36.00	≤4.50	≥1200
MT/T 604.1—1996	石嘴山矿务局	≥30.00	≥23.00	≤24.00	≤2.00	≥1400
MT/T 605.1—1996	灵武矿务局	≥28.00	≥20.00	≤15.00	≤0.80	≥1200
MT/T 606.2—1996	开滦矿务局	≥20.00	≥16.50	≤40.00	≤1.50	≥1350
MT/T 607.2—1996	淮南矿务局	≥30.00	≥15.00	≤40.00	≤1.00	≥1500
MT/T 608.2—1996	兖州矿务局	≥37.00	≥20.00	≤30.00	≤3.00	≥1250
MT/T 609.1—1996	轩岗矿务局	≥28.00	≥23.00	≤22.00	≤1.50	≥1350
MT/T 610.1—1996	四望嶂矿务局	≥4.00	≥21.50	≤20.00	≤0.50	≥1300
MT/T 611.2—1996	淄博矿务局	≥7.00	≥21.00	≤32.00	≤5.00	≥1350

标准号	煤产地	项目与技术要求				
		V_{daf}/%	$Q_{net,ar}$/(MJ/kg)	A_d/%	$S_{t,d}$/%	ST/℃
MT/T 612.2—1996	枣庄矿务局	≥30.00	≥10.50	≤49.00	≤3.00	≥1200
MT/T 614.3—1996	广旺矿务局	≥16.00	≥15.50	≤46.00	≤3.00	≥1250
MT/T 615.2—1996	田坝煤矿	≥20.00	≥22.90	≤32.00	≤0.30	≥1200
MT/T 617.2—1996	中梁山矿务局	≥18.00	≥22.50	≤30.00	≤3.00	≥1300
MT/T 618.2—1996	汾西矿务局	≥20.00	≥14.50	≤49.00	≤3.00	≥1500
MT/T 724.1—1997	澄合矿务局	≥10.00	≥21.00	≤30.00	≤3.00	≥1400
MT/T 725.1—1997	新汶矿务局	≥37.00	≥21.00	≤30.00	≤3.00	≥1350
MT/T 726.1—1997	肥城矿务局	≥37.00	≥21.00	≤24.00	≤3.00	≥1350
MT/T 727.2—1997	阜新矿务局		≥14.00	≤35.00	≤1.50	≥1200
MT/T 728.1—1997	大通矿务局	≥30.00	≥15.00	≤25.00	≤0.40	≥1200
MT/T 729.1—1997	义马矿务局	≥37.00	≥15.50	≤35.00	≤2.50	≥1200
MT/T 730.3—1997	鸡西矿务局		≥16.00	≤40.00	≤0.50	≥1200
MT/T 732.2—1997	阿干煤矿	≥27.00	≥15.50	≤34.00	≤1.00	≥1250
MT/T 733.2—1997	永城矿务局	≥9.00	≥23.00	≤22.00	≤0.50	≥1350
MT/T 734.1—1997	郑州矿务局	≥9.00	≥23.00	≤26.00	≤0.50	≥1400

水泥的煅烧过程是在一定的炉窑设备内进行的。目前大中型水泥厂多采用回转窑生产工艺，小型水泥厂多采用立窑生产工艺。炉窑燃烧多用煤粉。对煤质的基本要求首先是应有较高的发热量，当使用回转窑时，为保证煤粉顺利着火和具有足够的燃烧强度，一般要求煤有较高的挥发分；当采用立窑生产水泥时，需燃用低挥发分的煤。灰分对水泥熟料煅烧的影响没有发热量和挥发分那么大，特别是立窑的煅烧过程，可把入窑前的生料视为一种高灰分的煤炭。这是因为水泥熟料与煤灰的化学成分基本相同，只是各种组分不一样。对于回转窑，若灰分太高，一方面会降低煤的发热量，另一方面因煤粉燃烧后产生的煤灰飞落到熟料中会影响熟料的质量。水泥窑炉对煤质的一般要求见《商品煤质量 水泥回转窑用煤》（GB/T 7563—2018）、表 5-14～表 5-16。水泥回转窑用不同煤产地煤的技术条件见表 5-17。

表 5-14　水泥回转窑用煤发热量等级与指标要求

发热量等级/(kcal/kg)	5800	5500	5000
指标要求 $Q_{net,ar}$/(MJ/kg)	≥24.24	≥22.99	≥20.09

表 5-15　水泥回转窑用煤全硫等级与指标要求　　　　（单位：%）

全硫等级	S1	S2	S3
指标要求 $S_{t,d}$	$S_{t,d} \leq 0.50$	$0.50 < S_{t,d} \leq 1.00$	$1.00 < S_{t,d} \leq 2.00$

表 5-16　水泥回转窑用煤的其他指标要求　　　　　　　（单位：%）

项目	指标要求
A_d	≤27.00
V_{daf}	≥25.00
P_d	≤0.100
Cl_d	≤0.150
As_d	≤40
Hg_d	≤0.600

表 5-17　水泥回转窑用不同煤产地煤的技术条件

标准号	煤产地	项目与技术要求				
		V_{daf}/%	$Q_{net,ar}$/(MJ/kg)	A_d/%	$S_{t,d}$/%	ST/℃
MT 293.4—1992	南桐矿务局	≥25.00	≥21.5	≤26.00	≤5.00	
MT 298.1—1992	水城矿务局	≥20.00	≥21.00	≤35.00	≤0.30	
MT 299.4—1992	鹤岗矿务局	>30.00	≥21.00	≤27.00	≤0.30	
MT 300.4—1992	盘汇矿务局	≥28.00	≥20.00	≤32.00	≤1.00	
MT 306.3—1992	铜川矿务局	≥30.00	≥21.00	≤20.00	≤1.50	
MT/T 340.3—1994	淮北矿务局	≥18.00	≥21.50	≤27.00	≤1.00	
MT/T 342.4—1994	七台河矿务局	≥28.00	≥20.50	≤27.00	≤0.30	
MT/T 348.4—1994	萍乡矿务局	≥28.00	≥20.00	≤30.00	≤0.50	
MT/T 430.2—1995	永荣矿务局		≥24.50	≤33.00	≤1.50	
MT/T 431.3—1995	丰城矿务局	≥20.00	≥23.00	≤16.00	≤2.00	
MT/T 432.1—1995	靖远矿务局		≥21.00	≤20.00	≤1.00	≥1200
MT/T 433.3—1995	窑街矿务局	≥32.00	≥21.00	≤26.00	≤0.50	
MT/T 512.4—1995	平顶山矿务局	≥28.00	≥21.00	≤27.00	≤3.00	
MT/T 514.4—1995	徐州矿务局		≥20.50	≤27.00	≤3.00	≥1350
MT/T 606.3—1996	开滦矿务局	≥25.00	≥21.00	≤27.00	≤1.50	
MT/T 607.4—1996	淮南矿务局	≥30.00	≥21.00	≤27.00	≤1.00	
MT/T 614.2—1996	广旺矿务局	≥25.00	≥21.00	≤27.00	≤1.00	
MT/T 729.2—1997	义马矿务局	≥15.00	≥19.00	≤20.00	≤2.50	
MT/T 732.1—1997	阿干煤矿	≥27.00	≥21.00	≤27.00	≤1.00	
MT/T 733.3—1997	永城矿务局	≥9.00	≥23.00	≤22.00	≤0.50	

　　不同煤产地的动力煤应用技术条件的相关煤炭标准反映了我国动力煤应用的实际情况，其与相关国家标准的对比见表 5-18。

表 5-18　我国动力煤用煤技术条件

煤质指标	发电煤粉锅炉用煤技术条件			水泥回转窑用煤技术条件	
	《商品煤质量 发电煤粉锅炉用煤》（GB/T 7562—2018）	MT/T		《商品煤质量 水泥回转窑用煤》（GB/T 7563—2018）	MT/T
$Q_{net,ar}$/(MJ/kg)	发热量 5800kcal/kg 无烟煤≥24.24	33		发热量 5800kcal/kg≥24.24	≥21.00：75%
	发热量 5500kcal/kg 烟煤≥22.99	27		发热量 5500kcal/kg≥22.99	19.00～21.00：25%
	发热量 5000kcal/kg 低挥发分≥20.09	12		发热量 5000kcal/kg≥20.09	
	发热量 4500kcal/kg 中-高挥发分烟煤≥18.81	28			
	褐煤发热量 4000kcal/kg≥16.72（褐煤）3500kcal/kg≥14.63 3000kcal/kg≥12.54				
A_d/%	≤35.00	36.2		≤27	<27：60%
		52.2			27～35：40%
		12.6			
$S_{t,d}$/%	≤0.50	43.6		≤0.50	<2：80%
	0.50～1.00	18.9		0.50～1.00	2～5：20%
	1.00～1.50	30.5		1.00～2.00	
	1.50～2.00	≤5.0:7			
	2.00～2.50				
V_d/%	6.50～10.00	15		≥25	>25：71%
	10.01～20.00	20			
	20.01～28.00	17			
	>28（烟煤）	40			<25：29%
	>37（褐煤）	8			

注：①在煤炭标准（MT/T）栏中的百分数为所有相关标准中符合国标相应指标规定的比例；②《商品煤质量 水泥回转窑用煤》（GB/T 7563—2018）中，对 $S_{t,d}$ 个别不达要求者可由供需双方协商解决；③《商品煤质量 发电煤粉锅炉用煤》（GB/T 7562—2018）中，V_d 的分级须与 $Q_{net,ar}$ 相配合。

四、动力用煤评价技术要求

（一）动力用煤评价指标分级

综上所述，各种煤质指标对动力煤的质量评价的作用是不一样的，不同用途的动力煤的评价指标选取标准也是不同的。因此，对动力煤质量指标进行分级，应首先考虑对动力煤最基本的特征进行总体评价，然后再考虑不同用途（主要是工业锅炉和电厂用煤）。

我们认为，在目前的情况下，动力煤首先要符合国家规定的相关动力设备的用煤技术条件。其中，由于动力煤的最大用户为电厂，在动力煤资源评价中，首先应考虑电厂的用煤技术条件标准，然后再结合其他主要动力煤用户的用煤条件。动力煤性能指标主要考虑发热量($Q_{gr,d}$)、灰分(A_d)、全硫($S_{t,d}$)。

综合以上论述，建议的动力煤煤质评价指标体系如表 5-18 所示。

表 5-18　动力煤煤质评价指标分级

分级	发热量($Q_{gr,d}$)/(MJ/kg)	灰分(A_d)/%	全硫($S_{t,d}$)/%
一级	≥24.31	≤30.00	≤1.00
二级	16.71～24.30	≤40.00	≤3.00

（二）指标确定依据

评价体系主要是从煤炭资源地质评价的角度出发，综合考虑了各种煤质指标对用煤动力设备的影响并参考了相关国家标准和针对不同煤产地制定的煤炭标准的基础上建议的初步评价标准，一些针对不同产地煤的具体煤质条件的用煤动力设备不在此范围内。例如，对硫分的要求，一些动力设备安装了脱硫设备或采用了其他降硫措施，则硫分的范围可适当放宽。又如，电厂用煤对发热量和挥发分的要求差异很大，不同地方的发电厂的供煤来源不同，有些电厂就采用劣质煤甚至是煤矸石，相应的电厂锅炉的情况也就不同，因此，具体情况应具体分析。

主要依据《煤炭质量分级 第 1 部分：灰分》（GB/T 15224.1—2018）、《煤炭质量分级 第 2 部分：硫分》（GB/T 15224.2—2021）、《煤炭质量分级 第 3 部分：发热量》（GB/T 15224.3—2022）中煤炭资源评价分级。

中高发热量煤的发热量为 24.31～27.20MJ/kg，中发热量煤的发热量为 21.31～24.30MJ/kg，中低发热量煤的发热量为 16.71～21.30MJ/kg。

高灰煤灰分 30.01%～40.00%，特高灰煤灰分为 40.01%～50.00%。

低硫煤全硫为 0.51%～1.00%，中高硫煤全硫为 2.01%～3.00%，高硫煤全硫为＞3.00%。

本书确定发热量≥24.31MJ/kg、灰分≤30%、全硫≤1.00%为一级指标；发热量在 16.71～24.30MJ/kg、灰分≤40%、全硫≤3.00%为二级指标。

第三节　直接液化用煤煤质评价指标体系

一、直接液化工艺

煤炭液化是目前煤炭利用技术领域的最前沿课题，它是在满足环保要求的基础上的一种先进的煤炭利用技术，煤炭液化技术将难以利用的煤或环境污染成分含量高的煤如高硫煤等转化成液态清洁能源，解决了煤炭利用过程的环保问题，同时由于燃料形态由固态转化为液态和气态，也方便运输和储存，可谓一举数得。实现煤炭液化工业化生产是立足国内丰富的煤炭资源解决石油短缺的一条重要途径，具有远大的发展前景（张永贵，2003）。煤炭液化除为生产石油代用品外，还可以用于精制煤炭获得超纯化学煤，作炭素制品、炭纤维、针状焦的原料和黏结剂等，也可制取有机化工产品等，为发展 C_1 化学、改变有机化工结构综合利用范围开辟了新途径。

我国在煤炭液化技术研究开发方面已取得了一定的进展，现已对建设神华烟煤、云南先锋褐煤、黑龙江依兰烟煤直接液化示范厂可行性进行了系统论证。例如，神华煤液化厂可行性研究结果表明：采用美国碳氢技术公司（HTI）煤炭液化工艺，神华煤炭液化可得到高达 63%～68% 的油收率，可生产汽油、柴油和液化石油气，生产成本只有 15～16 美元/Bbl[①]，该项目具有相当高的经济效益和社会效益（吴春来和金嘉璐，2002；张玉卓，2004）。

（一）煤炭液化的基本原理

煤炭液化是把固体状态的煤炭经过一系列化学加工过程使其转化成液体产品的洁净煤技术。这里所说的液体产品主要是指汽油、柴油、液化石油气等液态烃类燃料，即通常是由天然原油加工而获得的石油产品，有时候也把甲醇、乙醇等醇类燃料包括在煤炭液化的产品范围之内。煤炭液化技术是德国在第二次世界大战前研究成功并投入生产的，但由于煤炭液化成本较高及石油产量日益增加，煤炭液化技术的发展受到了限制。在"石油危机"出现后，煤炭液化技术又重新受到了世界各国的重视。我国也对煤炭液化技术进行了较为系统的研究，取得较显著的成效。

煤炭液化的一般方法就是将煤在高温、高压和催化剂的作用下与氢反应，使之转化为液体燃料。在煤炭液化的加工过程中，煤炭中含有的硫等有害元素以及无机矿物质（燃烧后转化成灰分）均可脱除，硫还可以以硫黄的形态得到回收，而液体产品已经是优质的洁净燃料，所以煤炭液化工艺技术是一种彻底的高级洁净煤技术。

（二）煤炭液化基本方法概述

根据化学加工过程的不同路线，煤炭液化可分为直接液化和间接液化两大类。直接液化是把固体状态的煤在高压、一定温度和催化剂作用下，直接与氢气反应（加氢），使煤直接转化成液体油的工艺技术。直接液化法主要有氢煤法（H-coal process）和溶剂精炼煤（SRC）法。这两种方法较有望实现工业化。间接液化是先将煤炭在更高温度下与氧气和水蒸气反应，使煤炭全部气化转化成合成气（CO 和 H_2 的混合物），然后再在铁、钴等催化剂的作用下，在 200～450℃、1～15MPa 下合成石油烃和甲醇等含氧的化工产品，即众所周知的费-托（F-T）合成法。此法随温度、压力、催化剂等反应条件的不同而有各种复杂的反应，反应生成物也不同。

在直接液化工艺中，煤炭大分子结构的分解是通过加热来实现的，煤的结构单元之

---

① 1Bbl=1.58987×10^2dm³。

间的桥键在加热到 250℃以上时就有一些弱键开始断裂，随着温度的进一步升高，键能较高的桥键也会断裂，桥键的断裂产生了以结构单元为基础的自由基，自由基的特点是本身不带电荷却在某个碳原子上(桥键断裂处)拥有未配对电子。自由基非常不稳定，在高压氢气环境和有溶剂分子分隔条件下，加氢可生成稳定的低分子产物(液体的油和水以及少量气体)，加氢所需活性氢的来源有溶剂分子中键能较弱的 C—H 键、H—O 键断裂分解产生的氢原子或者被催化剂活化后的氢分子。在没有高压氢气环境和没有溶剂分子分隔的条件下，自由基又会相互结合而生成较大的分子。在实际煤炭直接液化工艺中，煤炭分子结构单元之间的桥键断裂和自由基稳定的步骤是在高温(450℃左右)、高压(17~30MPa)氢气环境下的反应器内实现的。

煤炭经过加氢液化后剩余的无机矿物质和少量未反应煤还是固体状态，可应用各种不同的固液分离方法把固体从液化油中分离出去，常用的有减压蒸馏、加压过滤、离心沉降、溶剂萃取等。

煤炭经过加氢液化产生的液化油含有较多的芳香烃，并含有较多的氧、氮、硫等杂原子，必需再经过一次提质加工才能得到合格的汽油、柴油产品。液化油提质加工的过程还带进一步加氢，通过加氢脱除杂原子，进一步提高 H/C 原子比，把芳香烃转化成环烷烃甚至链烷烃。

现已开发出的煤炭直接液化工艺有以下几种(张银元和赵景联，2001)。

1)德国煤炭液化新工艺

1981 年，德国鲁尔煤炭股份公司和费巴石油公司对最早开发的煤加氢裂解为液体燃料的柏吉斯法进行了改进，建成日处理煤 200t 半工业试验，操作压力由原来的 70MPa 降至 30MPa，反应温度 450~480℃，固液分离改过滤离心为真空内蒸方法，将难以加氢的沥青烯留在残渣中气化制成氢，轻油和中油产率可达 50%。

2)溶剂精炼煤法

此工艺由美国电力研究院(EPRI)开发，煤在溶剂中借助高温和氢压作用溶解与解聚，进而发生加氢裂解，生成较小分子碳氢化合物、氢质油和气体。按加氢深度的不同，该法可分为 SRC-1 和 SRC-2 两种，SRC-1 以生产超低灰、低硫的固体精炼煤为主，其发热量 38.7MJ/kg；SRC-2 提高了煤加氢裂化的深度，以生产液体燃料为主。

3)氢煤法

氢煤法是一种催化加氢液化的先进技术，由美国碳氢化合物公司于 1973 年开发。原理是借助高温和催化剂的作用，使煤在氢压下裂解成小分子的烃类液体燃料。与其他加氢液化法比较，氢煤法的特点是采用石油渣油催化加氢裂化的流化床反应器和高活性催化剂。煤和循环溶剂制成煤浆，与氢气混合后经过预热进入装有颗粒状的 Co-Mo/Al$_2$O$_3$ 催化剂的流化床反应器。液化工厂的原料煤预先经过洗选，使煤中灰分降到 9%，磨细的洗精煤与生产工艺过程中的循环溶剂制成煤浆送入一段液化反应器，加氢反应后得到含氮、硫和氧杂原子较高的煤炭液化油，在经过加氢精制后，生产出无重质馏分的合成油。

4）供氢溶剂法（EDS）及 NEDOL 工艺

EDS 法是由美国埃克森研究工程公司于 1976 年开发，1985 年完成日处理煤 250t 的大型中试。在供氢溶剂法中，煤借助供氢溶剂的作用在一定的温度和压力下溶解加氢液化，其特点是循环溶剂的一部分在一个单独的固定反应器中，用高活性催化剂预先加氢成为供氢溶剂。煤和供氢溶剂及循环溶剂制成煤浆，与氢气混合后，经过预热器进入反应器。用该法液化烟煤时，C_1-C_4 气体烃产率为 22%，馏分油中石脑油占 37%，中质油（180～340℃）占 37%。烟煤液化工艺（NEDOL）是日本新能源-产业技术综合开发机构（NEDO）组织开发的工艺，其特点是循环溶剂全部在一个单独的固定床反应器中，用活性高的催化剂预先加氢成为供氢溶剂，煤加上铁系催化剂和供氢溶剂制成煤浆，再与氢气混合预热后即进入反应器。

5）催化两段液化法（CTSL）

该方法是煤在两个流化床反应器中经高温催化加氢裂合成较低分子的液体产品。在该工艺中，两段都采用高活性的加氢裂解催化剂，两个反应器紧密相连，使煤的热解和加氢反应各自在最佳的反应条件下进行，生成较多的馏分油、较少的气体烃，产品质量好，氢有效利用率高。

6）煤-油共炼法

煤和石油渣油（或重油、稠油）混合制成煤浆，借催化剂高温作用，进行加氢裂化和液化反应，将煤和渣油同时转变成馏分油。在反应过程中，渣油为供氢溶剂，煤和煤中矿物质促进渣油转变成轻油、中质油，防止油渣结焦，由于这种协同作用，煤-油共炼比煤或渣油单独加工油收率高，氢耗低，可以处理劣质油，工艺过程比煤炭液化工艺简单，建厂投资低，是发展煤炭液化的过渡技术。

二、煤质指标对液化用煤的影响

适合煤炭直接液化的煤类有年老褐煤、长焰煤、不黏煤、弱黏煤、部分气煤等低变质程度烟煤。根据国家相关标准及收集的资料、调研及测试成果，从挥发分、镜质组最大反射率（$R_{o,max}$）、水分、灰分、氢碳原子比、惰质组含量（I）、哈氏可磨性指数等煤质指标来分析对煤炭直接液化的影响。

（一）评价指标

1. 煤阶指标

挥发分和镜质组最大反射率是确定煤类或煤阶最重要的表征指标，可反映煤化程度的高低，因此成为评定液化用煤的重要指标。

挥发分能较好地反映煤化程度，并与煤的工艺性质有关，而且其区分能力强，测定方法简单，易于标准化。

前人的研究表明，液化用煤一般采用挥发分较高的煤。挥发分越高越易液化，通常选择挥发分大于 35.00%的煤作为直接液化煤类。平均镜质组最大反射率 $R_{o,max}$ 小于 0.7%

的煤大多适于液化，最佳为 0.5%左右（王生维和李思田，1996）。

镜质组最大反射率直接反映了煤级，Cookson 和 Smith（1992）提出，煤中镜质组最大反射率在 0.5%～1.0%的煤料适宜作为直接液化用煤。

2. 水分

水分对于直接液化而言，不利的方面是主要的，有利的方面是次要的（李刚和凌开成，2008）。

液化过程中，原料煤中的水分要低，因为水分的存在会使氢化反应速度放慢，所以，低煤阶煤的高水分成为液化中的一个不利因素。水分高的煤，首先需要干燥，这就造成了不必要的热损失，而且水分高将不利于磨矿和制煤浆。只有在某些液化工艺中，如一氧化碳蒸汽工艺，这时水的存在才是有益的。

3. 灰分

煤中的灰分（主要是煤中的无机组分）在多数煤炭液化工艺中都是消极因素大于积极因素，它会影响煤转化终端产品的质量与过程效益，因此一般来说都希望煤中的无机组分越少越好。试验表明煤中灰分的多少对煤的液化率与转化率无明显影响，但煤中灰分太高会给液化操作带来诸多不便。在多数情况下，原煤的液化效果比精煤要好，所以液化采用原煤为宜（杨秀敏，2004）。

4. 氢碳原子比

煤中氢碳原子比在一定程度上也能代表煤的变质程度。氢对高变质程度的煤，尤其无烟煤能很好地反映其变质程度规律。

氢、氧含量高，碳含量低的煤转化为低分子产物的速度快，特别是氢碳原子比高的煤，其转换率和油产率高，但是当氢碳原子比高到一定值后，油产率将随之减小（蒋立翔，2008）。这是因为氢碳原子比高、煤化程度低的（泥炭、年轻褐煤）煤含脂肪族碳和氧较多，加氢液化生成的气体和水增多。

一般来说，除无烟煤不能液化外，其他煤均可不同程度地液化，煤炭加氢液化的难度随煤的变质程度的增加而增加，即泥炭＜年轻褐煤＜褐煤＜高挥发分烟煤＜低挥发分烟煤。

褐煤和年轻的高挥发烟煤的氢碳原子比相对较高，它们易于加氢液化，并且氢碳原子比越高，液化时消耗的氢越少，通常选氢碳原子比大于 0.8 或碳氢质量比小于 16 的煤作为直接液化用煤。含碳量（C_{daf}）在 80%～85%的煤的转化率最高。

低阶煤，如褐煤等的液体产率比烟煤低，但活性较高，对液化条件很敏感。煤的含碳量在 52%～84%，其转化率随氢碳原子比或氧碳原子比增加而增大。低阶煤（C_{daf}＜80%）含芳香碳较少，可能有足够活性的键容易断开进行液化，但液化时氢耗较大。

5. 惰质组含量

同一煤化程度的煤，由于形成煤的原始植物种类和成分的不同，以及成煤初期沉积环境的不同，煤岩相组成也有不同，其加氢液化的难易程度也不同。煤中镜质组、壳质组和惰质组在液化时具有不同的液化反应性。同一煤岩显微组分因变质程度的差异也表现出不同的液化性能。许多研究已经证明，高挥发分煤的镜质组和壳质组为煤的活性组分，在加氢液化时具有较高的转化率。其中壳质组的液化率高于镜质组，惰质组的液化性能最低。因此煤中惰质组含量也应作为煤炭液化性能的重要评价指标，煤中惰质组含量越低，镜质组和壳质组含量越高，其液化性能越好。另外，煤岩显微成分控制了煤加氢液化的最佳反应温度。煤炭液化行为不仅取决于煤的平均化学组成，还具有明显的颗粒特征。煤的显微组分分析可以较好地满足上述要求。

6. 哈氏可磨性指数

煤的可磨性是指煤磨碎成粉的难易程度。煤的可磨性与其煤化度、水分含量和煤的岩相组成以及煤中矿物质的种类、数量和分布状态有关，它是确定煤粉碎过程的工艺和选择煤粉设备的重要依据。

直接液化过程要求先把煤磨成 200 目左右的粉煤并干燥到全水分小于 2%。如果可磨性不好，生产过程能耗会很高，设备磨损严重，配件、材料消耗大，增加生产成本。

7. 煤中矿物质的影响

煤中矿物质对液化效率有一定影响。研究发现煤中含有的 Fe、S、Cl 等元素尤其是黄铁矿对煤炭液化具有催化作用，而含有的碱金属(K、Na)和碱土金属(Ca)对某些催化剂起毒化作用。

煤中矿物质对煤的液化具有催化作用的主要影响成分是黄铁矿的含量。黄铁矿本身并不是活性催化剂，而是在液化条件下能迅速还原为磁黄铁矿起催化作用。并不是所有在矿物质中含有大量黄铁矿的煤的活性必然高，也不是全部黄铁矿在反应中一定会被还原，只有黄铁矿分散得很细时才最有效，才容易还原成磁黄铁矿(黄慕杰，1997)。

(二)直接液化用煤评价技术要求

1. 直接液化用煤评价指标体系

综上所述，影响液化用煤质量的因素较多，首先是合适的煤类选择，可选择年老褐煤、长焰煤、不黏煤、弱黏煤、部分气煤等低变质烟煤。

从有关资料来看，神华煤的哈氏可磨性指数多在 45～65(吴秀章等，2015)，本书项目测试结果哈氏可磨性指数平均值大于 55，并且我们收集的文献资料中直接液化用煤哈氏可磨性指数平均值大于 50；煤中矿物质中硫对液化具有催化作用，本书未将其列入评价指标。

镜质组最大反射率直接反映了煤级，煤中镜质组和壳质组的含量直接影响了煤的氢碳原子比和挥发分产率，煤岩指标较工业分析和元素分析指标更能准确地表征与预测煤的液化性能。选择出具有良好液化性能的煤不仅可以得到高的转化率和油收率，使反应在较温和条件下进行，还可以降低操作费用(潘黄雄，1994)。

本书主要考虑挥发分、镜质组最大反射率、氢碳原子比、惰质组含量、灰分 5 个技术指标，提出直接液化用煤评价指标体系(表 5-19)。

表 5-19　直接液化用煤评价指标体系

指标分级	评价指标				
	挥发分 V_{daf}/%	镜质组最大反射率 $R_{o,max}$/%	氢碳原子比 H/C	惰质组含量 I/%	灰分 A_d/%
一级指标	>35.00	<0.65	>0.75	≤15.00	≤12.00
二级指标			0.70～0.75	>15.00～35.00	>12.00～25.00

注：H/C 以干燥无灰基表示；I 以去矿物基表示。

2. 指标确定依据

1)挥发分和镜质组最大反射率

前面已提及挥发分越高越易液化，并且通常选择挥发分大于 35.00% 的煤作为直接液化煤类。平均镜质组最大反射率小于 0.7% 的煤大多适合液化，最佳平均镜质组反射率为 0.5% 左右。

《商品煤质量　直接液化用煤》(GB/T 23810—2021)中挥发分>35.00%，镜质组最大反射率<0.65。

综合分析，本书确定挥发分>35.00%，镜质组最大反射率<0.65。

2)氢碳原子比

20 世纪 80 年代初，煤炭科学研究总院北京煤化工研究分院开展煤炭加氢直接液化系统性研究，所选择的 15 种煤的煤质数据中氢碳原子比为 0.76～0.93，从已有研究可以看出，氢、氧含量高，氢碳原子比高的煤，其转化率和油产率高。

根据吴秀章、舒歌平等的研究成果，神华集团有限责任公司液化用煤煤质数据中氢碳原子比为 0.72。《商品煤质量　直接液化用煤》(GB/T 23810—2021)中，将氢碳原子比定为>0.75。

采样测试数据中，大同矿区 5 煤层氢碳原子比为 0.73～0.86，平均为 0.78；朔南矿区 4 号煤层氢碳原子比为 0.73～0.90，平均为 0.78；榆横矿区 3 号煤层氢碳原子比为 0.45～0.89，平均为 0.71；府谷矿区 4 号煤层氢碳原子比为 0.55～0.93，平均为 0.78。

本书确定氢碳原子比>0.75 作为一级指标，0.70～0.75 作为二级指标。

3)惰质组含量

研究工作表明，液化用煤的惰质组含量应在 10% 以下，最高不要超过 15%，否则由于未反应的煤太多而影响液化效果。

根据收集的资料，惰质组含量在 35%~45%的煤炭资源量少，主要集中在陕西神府等矿区，并且惰质组含量太高影响直接液化的转换率。

《商品煤质量 直接液化用煤》(GB/T 23810—2021)中将惰质组含量分为两级，分别为≤15.00%、>15.00%~45.00%。《煤化工用煤技术导则》(GB/T 23251—2021)中要求惰质组含量<35.00%。

综上分析，本书确定惰质组含量≤15.00%为一级指标、>15.01%~35.00%为二级指标。

4) 灰分

杨秀敏(2004)认为原料煤的灰分不要超过 25%，过高会给整个工艺系统带来一系列困难。灰分高不仅影响转化率，还影响产品净收率，即相同处理能力的装置，灰分高则等于降低了处理能力。灰中的 Fe、Co、Mo 等元素对液化具有催化作用，可产生好的影响，但灰中的 Si、Al、Ca、Mg 等元素易结垢、沉积，影响传热和正常操作，且造成管道系统磨损堵塞和设备磨损。因此，加氢液化原料煤的灰分较低为好，一般认为液化用原料煤的灰分应小于 10%(张银元和赵景联，2001)。

1981 年北京煤化工研究分院对胜利煤田红旗矿四$_\mathrm{下}$煤层的原、浮煤分别进行了高压釜液化试验,原煤灰分含量为 19.42%,浮煤灰分含量为 10.64%,转化率分别为 85.77%、98.03% (袁三畏，1999)。胜利矿区原煤灰分含量为 14.53%~22.41%，浮煤灰分含量为 8.34%~10.67%;府谷矿区原煤灰分含量为 22.70%~27.60%,浮煤灰分含量为 7.81%~9.29%。部分原煤灰分含量超过 25.00%，洗选后浮煤灰分含量小于 10.00%，达到直接液化原料煤的灰分要求，但这仅是部分情况，并且将灰分含量 25.00%提高一定数值不具充分依据。

《商品煤质量 直接液化用煤》(GB/T 23810—2021)中将灰分分为 1 级≤8.00%，2 级>8.00%~12.00%，相当于《煤炭质量分级 第 1 部分：灰分》(GB/T 15224.1—2018)中煤炭资源评价灰分分级特低灰煤(≤10.00%)和部分低灰煤(>10.00%~20.00%)。

综合分析，本书确定灰分一级指标为≤12.00%，二级指标为>12.00%~25.00%。

第四节　气化用煤煤质评价指标体系

一、煤的气化方法

煤的气化是指用煤作为原料来生产工业、商业和生活所需的煤气或合成气，具体而言，煤的气化泛指各种煤(焦)与载氧气化剂(O_2、H_2O、CO_2)之间的一种不完全的氧化和还原反应，最终生成由 CO、H_2、CO_2、CH_4、N_2、H_2S、COS 等组成的煤气(张东亮和许世森，2001)。煤气化在本质上是将煤由高分子固态物质转化为低分子气态物质。煤、石油和天然气通常称为一次能源，将煤、石油等加工后得到的能源称作二次能源，因此煤制成的人工煤气或合成气属于二次能源范畴，是洁净、高效利用煤炭的最主要途径之一。

我国目前广泛应用的煤气化方法是固定床气化、流化床气化、水煤浆气流床气化和干煤粉气流床气化等。

二、固定床气化用煤评价技术要求

(一)固定床气化工艺

固定床气化现又称"移动床气化",是煤料靠重力下降与气流接触,或气化剂以较低速度由下而上通过炽热的煤粒床层时,从相对静止的煤粒间的孔隙穿过而相互反应产生煤气的方法。气化用料煤一般采用 6～13mm、13～25mm、25～50mm 或 50～100mm 的粒级煤,其粒级范围依所用煤类不同而异。煤由气化炉顶加入,气化剂由炉底加入。流动气体的上升力不致使固体颗粒的相对位置发生变化,即固体颗粒处于相对固定状态,床层高度亦基本保持不变,因而称固定床气化。另外,从宏观角度看,由于煤从炉顶加入,含有残炭的炉渣自炉底排出,气化过程中,煤粒在气化炉内逐渐并缓慢往下移动,因而又称为移动床气化。煤在炉内的停留时间为 1～10h,热利用率、炭效率和气化效率都较高,但单炉产气能力低。黏结性煤一般不适于此类炉型,要用不黏结或弱黏结块煤,挥发分要高、灰分要低,灰熔融性软化温度 ST 一般要大于 1200℃。气化用煤的挥发分高时,煤气产物中夹带有较多的焦油、酚水等物质,给煤气处理带来麻烦。常压固定床气化炉有混合煤气发生炉、水煤气发生炉和两段式气化炉。

固定床气化的特性是简单、可靠。同时气化剂与煤逆流接触,气化过程进行得比较完全,且使热量得到合理利用,因而具有较高的热效率。常压固定床常见有固定床间歇式气化(UGI)炉,国内有数千台该类气化炉,弊端多,主要用于中小氮肥厂合成气。

目前,UGI 煤气发生炉逐步改变工艺形式,改为纯氧连续气化的专用装置,逐步走向多个行业,新的工艺打破了 UGI 煤气发生炉绝大多数采用空气间歇气化生产半水煤气供合成氨的局面,改为采用纯氧连续气化技术生产(CO+H$_2$)含量＞80%的优质水煤气,用作精细化工的合成气、煤气制氢、工业染料等。

纯氧连续气化生产水煤气的特点主要为工艺技术先进、装置配套科学合理、原料利用率高、煤气质量高、能效水平先进、环保性好等,纯氧连续气化装置生产过程无废气排放,煤气洗涤冷却水全部闭路循环,灰渣实现了资源化利用(生产建筑材料),整个生产过程无排放、无污染,完全符合国家低碳环保产业政策和循环经济战略发展思路,属于洁净煤气化技术。

(二)煤质指标对固定床气化的影响

适合固定床气化的煤类有褐煤、长焰煤、不黏煤、弱黏煤、气煤、瘦煤、贫瘦煤和无烟煤。根据国家相关标准以及收集的资料、调研和测试成果,从灰分、水分、黏结指数、煤灰熔融温度、块煤热稳定性等煤质指标来分析对固定床气化的影响。

1. 灰分

煤的灰分是在气化炉内的高温、高压条件下,煤中所有可燃物质完全燃烧以及煤中矿物质发生一系列分解、化合等复杂化学反应后的残留物,其主要包含金属、非金属氧化物及盐类。灰分中常见的物质有硅、铝、铁、镁、钾、钙、硫、锰、钛等元素的氧化物和以碳酸盐、硅酸盐、硫酸盐、硫化物等形式存在的盐类。煤中灰分含量高,对气化过程有很多不利的影响。

2. 水分

水分含量过高,会使气化炉内单位面积煤气产率降低,含酚废水量增加,引起生产成本上涨。煤中水分高,会降低煤气产率和气化效率,使消耗定额增加。

3. 黏结指数

煤在气化时,干馏层能形成一种黏性流状物质,成为胶质体,这种物质黏结煤粒使料层透气性变差,阻碍气体流通,造成炉内崩料或架桥现象,使煤料不易向下流动,导致操作恶化。固定床气化用煤一般要用不黏结或弱黏结块煤。

4. 煤灰熔融性温度

灰渣出现熔融现象时对应的温度称为煤的灰熔点,煤的灰熔点是煤自身所具备的特性,煤的灰熔点与煤灰中的成分有关,煤灰是各种矿物质组成的混合物,没有一个固定的熔点,只有一个熔化的范围,煤灰在高温作用下产生变形、软化和流动时的相应温度分别以 DT、ST、FT 表示。固定床煤气发生炉(固态排渣)气化用煤指标中,一般以煤灰熔融性软化温度(ST)为灰熔点指标的判断参数,而液态排渣则以煤灰熔融性流动温度(FT)作为指标参数。

目前,固定床气化根据排渣形态分为固态排渣气化炉和液态排渣气化炉两种。

对于固态排渣固定床气化而言,必须保证煤炭在发生炉内正常气化时,煤灰不出现熔融结渣现象,需对该煤确定一个灰熔点指标,是该煤在发生炉内正常气化所界定的一个温度数据指标,如果该煤的灰熔点高于此指标,正常气化时煤灰不出现熔融结渣现象,则该煤可以用于气化,否则该煤不能用于气化。

煤气化温度高于块煤或型煤的灰熔点是采用高温熔渣气化液态排渣的前提条件(崔国星等,2013)。也就是说,液态排渣气化对于原煤灰熔融温度的要求要小于气化温度。

5. 块煤热稳定性(TS_{+6})

煤的热稳定性是指煤在加热时是否易于破碎的性质。稳定性太差的煤在进入气化炉后,会随着温度的升高而发生碎裂,产生细粒和煤末,从而妨碍气流在固定床气化炉内正常流动和均匀分布,影响气化过程的正常运行。无烟煤的机械强度虽然较大,但往往热稳定性较差。当使用无烟煤在固定床气化炉中生产水煤气时，由于鼓风阶段气流速度大，温度迅速升高，要求所使用的无烟煤应具有较好的热稳定性。这样，才能保持气化过程正常运行。

（三）固定床气化用煤评价技术要求

1. 固定床气化用煤评价指标体系

水分对固定床气化煤气效率有影响，但影响较小，本书不将其作为主要评价指标。因此，本书主要考虑黏结指数、煤灰熔融性温度、块煤热稳定性、灰分等指标。适合固定床气化固态排渣和液态排渣工艺用煤的评价指标体系见表 5-20。

表 5-20　固定床气化用煤评价指标体系

指标分级	黏结指数	煤灰熔融性温度		块煤热稳定性/%		灰分/%
		固态排渣软化温度/℃	液态排渣流动温度/℃	常压	加压	
一级指标	≤20	≥1250	≤1250	>60	>80	<25
二级指标	>20～50	1050～1250	1250～1450			

2. 指标确定依据

1）黏结指数

固定床气化用煤一般要用不黏结或弱黏结块煤，根据《烟煤黏结指数分级》（MT/T 596—2008），无黏结煤黏结指数≤5，微黏结煤黏结指数>5～20，弱黏结煤黏结指数 21～50。

《常压固定床气化用煤技术条件》（GB/T 9143—2008）中，固定床气化用低-中-高挥发分煤黏结指数≤30。

本书将黏结指数≤20 定为一级指标，>20～50 定为二级指标。

2）煤灰熔融性温度

《常压固定床气化用煤技术条件》（GB/T 9143—2008）中统一将煤灰软化温度指标界定为灰分≤18%时为≥1150℃和灰分>18%时为≥1250℃，如此便将许多易于气化而煤灰软化温度低于 1150℃的煤排除在气化用煤行列之外（苑卫军和赵伟，2013）。而实际气化过程中，多数变质程度较低的煤（如褐煤、年轻烟煤）在较低温度气氛下便可以很好地气化，对于这种煤不需要对其灰熔融性温度指标要求太高。并且举出实例：哈密三道岭烟煤的 ST 只有 1080℃，并不符合国家气化用煤的标准，但该煤在新疆某金属镁厂的煤气发生炉中气化状况良好。

液态排渣炉气化炉（BGL）炉内温度高于灰熔融性流动温度 FT 以上（陈家仁，2007），灰渣则会呈熔融流动状态自动从炉内排出。于遵宏等（2010）编著的《煤炭气化技术》一书中提及的液态排渣气化炉 BGL 采用焦炉煤、多尼斯索普 1、多尼斯索普 2、纽斯特德煤时，灰熔点分别为 1332℃、1343℃、1471℃、1543℃。如果灰熔点太高，对炉内反应温度要求也相应变高，这就增加了气氧比与气化炉的耐热性，提高了气化成本。

《常压固定床气化用煤技术条件》(GB/T 9143—2008)中，对煤灰熔融性软化温度要求：≥1250℃或≥1150℃(灰分≤18.00%)。

本书将固态排渣煤灰熔融性软化温度一级指标定为≥1250℃，二级指标定为≥1050~1250℃；液态排渣煤灰熔融性流动温度一级指标定为≤1250℃，二级指标定为>1250~1450℃。

3)块煤热稳定性

《煤的热稳定性分级》(MT/T 560—2008)中，将 TS_{+6} 在 60%~70%的煤定性为中热稳定性煤、TS_{+6} 在 70%~80%为中高热稳定性煤、TS_{+6}>80%为高热稳定性煤。热稳定性是固定床气化工艺的重要指标。

《常压固定床气化用煤技术条件》(GB/T 9143—2008)中，将 TS_{+6}>80%的煤定为Ⅰ级，TS_{+6} 在 70%~80%的煤定为Ⅱ级，TS_{+6} 在 60%~70%的煤定为Ⅲ级。

本书确定常压固定床 TS_{+6}>60%，加压固定床 TS_{+6}>80%。

4)灰分

《煤炭质量分级 第1部分:灰分》(GB/T 15224.1—2018)中,中灰煤范围为 20.01%~30.00%。

《常压固定床气化用煤技术条件》(GB/T 9143—2008)中，对无烟煤和其他块煤分别划分了三个等级，上限值为 25.00%。

本书将灰分指标定为一个范围，即<25.00%。

三、流化床气化用煤评价技术要求

(一)流化床气化工艺特点

流化床气化技术采用粉煤或碎煤为固体原料(0~8mm 的煤粉)，以 O_2、H_2O 或 CO_2 为气化剂通入固体床层中，气化炉内受到自下而上鼓入气化剂的吹动使固体悬浮起来形成流态化，在一定的高度内，上下翻腾，煤粒在高温沸腾层中燃烧，从而使得煤粉和气化剂充分混合，接触面积大，迅速地进行气化反应。其床层温度分布均匀、传热传质效率高、气化能力大、煤种选择范围广、炉内反应温度较高、基本不会产生酚类和焦油等副产物，但气体带出的细灰中含碳量较高，造成碳转化率偏低，这可以通过细灰循环技术来解决。

按照流化床操作温度、操作压力和排渣方式等的不同，流化床可分为加压灰熔聚气化炉(U-Gas 炉)、恩德粉煤气化炉(温克勒沸腾层煤气化炉)、高温温克勒炉(简称为 HTW 炉)、循环流化床气化炉等。

(二)煤质指标对流化床气化的影响

流化床气化的煤类较多，褐煤及低煤阶烟煤更为合适，也能气化灰分含量为 30%~50%的高灰煤，含水煤无需干燥，但对强黏结煤需要预处理破黏(陈鹏，2006)，本书从煤对二氧化碳化学反应性、黏结指数、煤灰熔融性软化温度、灰分、硫分、全水分 6 个煤质指标来分析对流化床气化的影响。

1. 煤对二氧化碳化学反应性

煤对二氧化碳化学反应性分析是指在一定温度条件下煤中的碳与二氧化碳进行还原反应的能力，或者说煤将二氧化碳还原成一氧化碳的能力，是煤反应活性的一个重要参数，是流化床气化必需的一个分析指标。

煤的反应活性是指在一定温度条件下煤与不同气化介质（如 CO_2、O_2、H_2、水蒸气）相互作用的反应程度。流化床气化技术中煤粒在气化炉内的反应时间很短，只有反应速度很快才能达到较高的碳转化率，而提高反应温度又受到耐火材料使用寿命、设备材质和运行周期的限制，因此气化原料煤要求有较高的反应活性，才能使气化反应在瞬间完成。反应活性强的煤，在气化和燃烧过程中反应速度快、效率高，与活性小的煤相比，它可一直保持 H_2O 分解或 CO_2 还原在较低的温度下进行，减少耗氧量，和相同灰熔点的低反应活性煤相比，使用较少的水蒸气就可以控制反应温度不超过灰熔点，减少了水蒸气的消耗量（陈鹏，2006）。

2. 黏结指数

煤的黏结性对气化操作及其设备的选择影响很大，黏结性煤在气化时，干馏层能形成一种黏性流状物质，称为胶质体，这种物质黏结煤粒，使料层透气性变差，阻碍气体流通，导致气流分布不均匀，在流化床气化中破坏流态化，导致流化不良，从而影响气化效果。流化床气化用煤一般选用不黏结或弱黏结煤（陈鹏，2006）。

3. 煤灰熔融性软化温度

煤灰熔融性温度是气化用煤的一项重要质量指标，也是影响煤灰性能的一个重要因素。按照排渣方式不同，在流化床气化过程中有固态排渣和灰熔聚排渣两大类。固态排渣技术要求原料煤的灰熔融温度高于操作温度，灰渣以固态形式排出；灰熔聚排渣技术要求操作温度必须控制在初始变形温度和软化温度之间，灰渣能以灰熔聚形式排出。所以，煤灰熔融性直接决定着煤炭气化过程排渣方式的选择，是影响炉况正常运行的一个重要因素。煤的灰融性通常用四个温度来衡量，即煤的变形温度（DT）、软化温度（ST）、半球温度（HT）和流动温度（FT）。流化床气化用煤指标中，一般以煤灰软化温度为灰熔点指标的判断参数。

流化床采取干法排渣，操作温度必须选在初始变形温度之下，是其温度操作的上限，同时结合前面所说的煤对 CO_2 化学反应性，选择合适的下限温度，以保证气化的性能和原料的转化效率，操作下限和上限的空间即为流化床运行的温度空间。由此可见，流化床气化技术要求煤类的初始变形温度不能太低，一般情况下高于 1000℃，否则气化炉运行温度过低，会影响气化效率，同时使合成气中焦油、酚类含量增加。传统的流化床气化炉(温克勒、灰熔聚)为了避免结渣和床层失流化，在 850～950℃的较低温度下操作，煤的气化速率低，只能用来气化高活性煤如褐煤。

灰熔聚流化床气化工艺是在传统流化床技术的基础上发展而来的，除保留了原有流化床技术的优点外，在气化炉底部设计了中心射流管和环管，在床层中形成了局部射流区，建立了选择性灰分离系统，通过中心射流管进入的高浓度氧形成局部高温使灰熔聚成球，并在此过程中逐渐变大、变重，最终从床层中与半焦分离并通过环管排出，这样的设计使流化床在操作中床层保持高浓度的碳成为可能，并减少了结渣以及床层失流态化的危险。

4. 灰分

煤中灰分含量高，对气化过程有很多不利的影响。灰分是煤中不直接参加气化反应的惰性物质，但灰的熔化却要消耗煤在气化反应过程中大量的热。灰分过高后，气化时由于少量碳的表面被灰分覆盖，气化剂与碳表面的接触面积减少，降低了气化效率；同时灰分的大量增加不可避免地增加了炉渣的排出量，随炉渣排出的碳损失量也必然增加。另外，煤中灰分含量高，加剧了气化炉和排灰系统的腐蚀与磨损，缩短了设备使用寿命。同时灰分高，灰渣带出的显热也会增加，使气化过程热损失增加，增加氧气消耗量，热效率降低。

由于流化床气化技术的操作温度相对较低，对煤中灰分含量要求较低。

5. 硫分

煤在气化时，煤中约 80%的硫以 H_2S、CS_2 等形式进入煤气中，所以硫含量高的煤气化生成的煤气中硫化物的含量也高，会加大下一步的净化成本和负担，而且硫化物会使催化剂中毒，还会腐蚀设备管道，所以，气化用煤中硫含量越低越好。目前的流化床气化过程中脱硫技术可以达到较高的脱硫效率，硫分含量要求较低。

6. 全水分

一般要求煤中水分含量越少越好，因为水分会增加水蒸气带走的热量，增加耗氧量，降低气化效率。流化床气化技术中煤中的水分只是间接参与气化反应，在气化过程中煤灰颗粒只有 0～8mm 大小，每个颗粒的表面形成了一种蒸汽保护膜，大大地降低了热传递过程，气化剂与颗粒作用时，反应温度降低，气化速度受到影响，降低了反应效果。煤中水分越高，气化耗煤、耗氧、排出物含碳量都要偏高。

对所有气化技术来说，煤水分过高会降低气化效率，但由于流化床气化技术的操作温度相对较低，煤中水分只要满足运输要求即可，要求较低。

(三)流化床气化用煤评价技术要求

1. 流化床气化用煤评价指标体系

由于流化床气化能气化灰分含量为 30%～50%的高灰煤，含水煤无需干燥，对硫分要求较低,灰分、水分、硫分本书不作为评价指标。流化床气化用煤主要考虑煤对 CO_2 反应性、煤灰熔融性软化温度、黏结指数三个煤质指标。适合流化床气化用煤评价指标体系见表 5-21。

表 5-21　流化床气化用煤评价指标体系

指标分级	煤对 CO_2 反应性(950℃下)/%	煤灰熔融性软化温度/℃	黏结指数
一级指标	≥80		≤20
二级指标	>60~80	≥1050	>20~35

2. 指标确定依据

1)煤对 CO_2 反应性

郭森荣(2014)认为煤半焦的 CO_2 反应活性必须足够好,否则造成碳转化率偏低,气化性能很差,各项经济指标也不好。张连明(2010)认为煤的反应性越好,气化反应进行得越彻底,煤的利用率越高,气体成分越好。

恩德粉煤气化炉用于气化褐煤和长焰煤、不黏结和弱黏结煤,灰分在 25%~30%,灰熔点高(大于 1250℃),低温反应活性好(在 950℃时,>85%;1000℃时,>95%)(褚晓亮等,2014)。

《流化床气化用原料煤技术条件》(GB/T 29721—2013)中在 950℃下煤对 CO_2 反应性指标分级为:一级指标≥80%,二级指标>60%~80%。

本书煤对 CO_2 反应性分级确定为:一级指标≥80%,二级指标>60%~80%。

2)煤灰熔融性软化温度

王洋(2005)认为灰熔聚气化炉适合气化高灰含量及高灰熔融性温度的煤。在操作温度范围(1150~1500℃)内,不同的煤灰熔融性温度的煤均能实现灰的熔聚和分离。

于遵宏等(2010)等认为,流化床气化过程中为了避免结渣,一般流化床的气化温度控制在 950℃。流化床气化炉的反应温度一般低于灰熔点 100~150℃,这就要求煤灰熔融温度在 1050℃以上。

《流化床气化用原料煤技术条件》(GB/T 29721—2013)中煤灰熔融性软化温度≥1050℃。

本书煤灰熔融性软化温度确定为≥1050℃。

3)黏结指数

《流化床气化用原料煤技术条件》(GB/T 29721—2013)中黏结指数分级为:一级≤20,二级>20~50,通过分析大量文献资料,流化床气化最适宜的煤类是反应性好的褐煤、长焰煤、不黏煤及弱黏煤等,在《中国煤炭分类》(GB/T 5751—2009)中有长焰煤黏结指数≤35、气煤黏结指数>35~50 的数据,由于气煤是优先适宜炼焦配煤的煤类,长焰煤适宜流化床气化。

本书黏结指数分级确定为:一级指标≤20,二级指标>20~35。

四、水煤浆气流床气化用煤评价技术要求

(一)水煤浆气流床气化工艺

水煤浆气化技术是目前最为成熟的气流床气化技术,采用类似于油的煤浆进料,加煤和控制系统较简单,操作容易。水煤浆气化技术的优势是技术成熟、可靠,投资较少,气化压力高。目前我国适用较为广泛的水煤浆气化工艺有 Texaco 水煤浆气化、E-GAS 水煤浆气化和多喷嘴对置式水煤浆气化。

1. Texaco 水煤浆气化技术

该技术是由美国德士古(Texaco)公司于 20 世纪 70 年代开发的第 2 代先进洁净煤气化技术。该技术气化炉主体是一内壁衬有多层耐火砖、外壁为圆筒形的高压容器,采用湿法进料系统,煤与水研磨制成煤浆后用泵送入气化炉,水煤浆质量分数一般在 55%~65%。除了含水高的褐煤外,各种烟煤、石油焦、煤加氢液化残渣均可作为气化原料,以年轻烟煤为主,对煤的粒度、黏结性、硫含量没有严格要求;但煤灰熔点低于 1350℃时有利于气化,煤中灰分含量一般不超过 16% 为宜,且越低越好。气化操作压力为 2.5~8.7MPa,受耐火砖衬里影响,气化操作温度≤1350℃。

2. E-GAS 水煤浆气化技术

E-GAS 水煤浆气化工艺原称 Dow 煤气化工艺、Destec 煤气化工艺,是由美国 Dow 化学公司于 1973 年开发的,1987 年成功应用于商业性的热电厂。该工艺与通用电气公司(GE)煤气化工艺齐名,同样是水煤浆进料,加压纯氧气流床气化工艺。E-GAS 水煤浆分两段气化,第一段进行高温气化,最高反应温度约 1400℃,第二段采用接近 20% 的煤浆与一段高温气体进行热质交换,反应温度约 1040℃。

E-GAS 水煤浆气化炉由于磨损和腐蚀等,耐火砖寿命短,为保证耐火砖寿命,气化温度不宜过高,适宜气化灰熔点在 1350℃以下的煤种。

3. 多喷嘴对置式水煤浆气化技术

该技术由华东理工大学、山东能源集团有限公司和中国天辰工程有限公司共同开发,属于气流床水煤浆气化技术。该技术最先应用于山东华鲁恒升化工股份有限公司大型氮肥国产化工程,气化压力 6.5MPa,单炉投煤量 750t/d,装置于 2005 年 6 月初正式投入运行。该技术经过近 10 年的工业化应用和发展,2016 年在国内签约项目约 47 个,共计约 181 台气化炉,并成功向美国 Valero 公司进行成套技术转让出口。该技术目前商业化运行最大单炉投煤量已达 3000t/d。

(二)煤质指标对水煤浆气流床气化的影响

水煤浆气流床气化用煤通常选用气化反应活性较高的年轻烟煤,烟煤中最适宜的是

长焰煤、气煤等(高丽，2010；井云环等，2013)。本书分析水分、灰分、硫分、哈氏可磨性指数、成浆浓度、煤灰熔融性流动温度 6 项煤质指标对水煤浆气流床气化的影响。

1. 水分

控制煤中水分含量，主要是为了保证正常气化过程以及获得较好的气化效率。气化过程中煤水分要低，因为煤在气化过程中需要放出足够的热量保证气化炉中的反应物发生气化反应，水分的存在会使气化反应产生大量水蒸气，不仅消耗大量的热量，还造成气化炉操作温度降低。为保持气化反应温度，就必须增加参加反应的氧气的量，这会引起有效气体成分中 CO 含量下降，而有效气体成分中的 H_2 增加甚微，气化反应的比氧耗增大。

1)煤中水分和变质程度的关系

对于不同变质程度的煤，由于其水含量不同，对成浆浓度的影响也不同。变质程度低的煤，内表面发达，吸附水多，不易制得高浓度煤浆；高变质煤亲水性官能团少，与水的结合力弱，也不易制得高浓度煤浆。一般变质程度较深、内在水分含量较低的年轻烟煤较易制出高浓度的水煤浆，而褐煤等年轻煤，内在水分高、成浆性不好，水煤浆浓度只能做到 30%~40%，冷煤气效率将低于 30%，经济效益很差，不适合作为水煤浆加压气化的原料(陈鹏，2006)。煤的最高内在水分与煤化程度的关系如表 5-22 所示。

表 5-22　煤的最高内在水分与煤化程度的关系　　　　　　(单位：%)

煤类	无烟煤	贫煤	瘦煤	焦煤	肥煤	气煤	弱黏煤	不黏煤	长焰煤	褐煤
最高内在水分	1.5~10	1.5~3.5	1~3	0.5~4	0.5~4	1~6	3~10	5~20	5~20	15~35

2)内在水分对成浆浓度的影响

内在水分可以反映出煤的内孔表面及亲水性能，煤的内孔表面积小或对水的亲水性(吸附力)差，则煤的内在水分含量就低，水分子在煤粒上所能形成的水膜就比较薄。在水煤浆浓度相同的条件下，这种煤煤粒上的吸附水量相对要少一些，煤浆的流动性比较好。研究表明内在水分含量越高、煤中 O/C 原子比越高、含氧官能团和亲水官能团越多、空隙率越发达的煤的制浆难度越大。阮伟等(2012)等在对陕西和内蒙古地区上湾、补连塔、神木、淮南等矿区不同煤类成浆浓度与水分的相关性研究表明，煤类的成浆浓度通常随着内在水分含量的升高而降低。

3)成浆难度指数(D)

目前较为通用的评价成浆性难易程度的难度系数数学模型如下：

$$D = 7.5 + 0.5M_{ad} - 0.05HGI$$

当 $D \leqslant 4$ 时，煤易成浆；$4 < D \leqslant 7$ 时，成浆难易程度一般；$7 < D \leqslant 10$ 时，煤难以成浆；$D \geqslant 10$ 时，煤极难成浆。根据成浆难度指数，可以大致推算理论上可制得的最高煤浆浓度 C：

$$C = 77 - 1.2D$$

通常情况下，煤浆气化用煤的最高内在水分以 $M_{ad} \leqslant 8\%$ 为宜，综合考虑的煤浆浓度 $\geqslant$ 60%（张继臻等，2002）。

本次调研三家煤化工企业内在水分含量均小于 8%，制浆浓度均在 60% 以上，见表 5-23。

表 5-23　内在水分含量和成浆浓度　　　　　　　　　（单位：%）

企业	水分 M_{ad}	成浆浓度 C
神华	3.37	61
兖矿	3.73	61～62
中煤远兴	1.88（浮煤）	61～63

2. 灰分

对于水煤浆气流床而言，煤中灰分越低越好，原煤中灰分含量的增加，不仅直接影响气化效率、降低合成气中有效气体含量，还增大气化炉渣口结渣概率，增加气化系统的氧耗、煤耗、能耗和生产成本，同时也会增大灰水、黑水系统处理负荷，加剧管道、设备和耐火砖的磨损，对气化系统长周期稳定运行不利，因此煤中的灰分应作为一个重要指标严格控制。

1) 灰分对气化效率、氧耗、煤耗的影响

气化用煤中的灰分含量直接影响煤的燃烧，进而影响气化效率。在保持进入气化炉水煤浆流量不变的情况下，煤中灰分增加，粗合成气中有效气体含量减少，系统生产能力下降。为了对煤气化过程进行分析，井云环（2011）利用 AspenPlus 软件对德士古气化炉进行模拟，模拟过程保持进入气化炉水煤浆流量、水煤浆浓度、燃烧室温度不变，随着原料煤中灰分含量的增加，灰渣熔化吸收热量增加，为了维持气化炉中的温度不变，更多的碳原子完全燃烧从而满足灰渣熔化所需的热量，由于过多的碳完全燃烧，粗合成气中有效气成分（$CO+H_2$）逐渐降低。山东兖矿鲁南化工有限公司通过洗选工艺，将煤中灰含量降至 8% 以下，有效气含量由原来的 75% 升高到 84%～85%，生产负荷不断提高，达到设计能力的 135%。

孔祥东等（2013）以神府煤为研究对象，使气化温度保持在 1300℃，固定氧煤比，将灰分含量从 0% 提高至 20%，发现随着灰分含量提高，气化温度大幅升高，但有效气体产率和比氧耗都明显下降。因此，灰分含量对气化过程好坏有着重要影响。

灰分是原煤中的惰性物质，灰分含量增大，灰渣熔化吸收的热量增大，为了保证气化炉顺利排渣和维持气化炉的热量平衡，需要增加氧量来燃烧更多的碳原子。因为燃烧了更多的碳原子，所以气化系统的氧耗、煤耗增加。山东兖矿鲁南化工有限公司气化装置现用浮煤灰分含量在 7% 左右，灰分含量每增加 1%，则氧耗增加 0.7%～0.8%，煤耗增加 1.3%～1.5%，生产成本大幅度上升，同时增加了三废治理难度。

2）灰分对管道、设备的影响

气化用煤中灰分含量升高，黑水中固态物质含量增多、灰中酸性物质（$SiO_2+Al_2O_3$）增加，使黑水、灰水系统管道、阀门、设备的磨损率大大增加，严重时会使关键设备部分磨蚀泄漏而导致气化炉停车。灰分的增加也使锁斗排渣量增多，增大了灰水、黑水系统处理负荷。煤中灰分含量增大后，为了利于气化炉排渣会提高气化炉燃烧室的温度，由于气化炉内操作温度提高，高温熔渣和气体加剧了对气化炉燃烧室内向火面耐火砖的冲刷和磨损，从而大大降低了耐火砖的使用寿命。气化炉操作温度提高 100℃，耐火砖的磨蚀速率就会增加两倍。井云环等（2013）结合国家能源集团宁夏煤业有限责任公司煤化工基地煤气化装置实际运行情况，对德士古气化技术、四喷嘴气化技术灰分含量对气化装置运行分析认为，德士古气化技术用煤灰分应控制在 12% 以内，四喷嘴气化技术用煤灰分应控制在 14%，如果气化用煤的灰分增高，则气化炉就会结焦，影响装置的长周期运行。

3. 硫分

对气化而言，硫是煤中一种极为有害的元素，反应产生的 SO_2 易腐蚀设备，因此要及时脱去煤中的硫以及合成气中的 SO_2。煤中硫含量不同会导致燃烧废气或合成气中 SO_2 含量不同，选择脱硫工艺、设备也应有所区别。

在气流床气化工艺中，煤中硫含量不限，煤中硫在气化时，大部分以硫化氢、小部分以有机硫化合物主要是 COS 进入煤气中，而硫化氢在水中和有机溶剂中的溶解度相当高，因此很容易被洗涤剂或溶剂吸收而从煤气中脱除，回收氧化析出硫黄，而硫黄是宝贵的化工原料。

4. 哈氏可磨性指数

煤被破碎的难易程度称为煤的可磨性，不同的煤有不同的可磨性指数。煤的可磨性直接影响磨机的选择和工况条件的确定，既影响水煤浆的产量和质量，又影响磨机的消耗。

水煤浆气化过程要求先把煤磨成 200 目左右的粉煤，哈氏可磨性指数越高，表示煤越易磨碎，换言之，煤越软。可磨性好的煤实际上可以得到更多的微细颗粒，因而提高了堆积效率，易制成高浓度的水煤浆。当哈氏可磨性指数小于 50 时，煤浆浓度急剧下降，哈氏可磨性指数越大，煤的成浆性越好（孔祥东等，2013）。

5. 成浆浓度

成浆浓度是气流床煤气化工艺的重要指标参数，在气化过程中起着至关重要的作用。因此，成浆浓度的确定非常关键，不同的煤浆浓度对煤气化有不同程度的影响，根据有关试验可得，有效气体成分随着煤浆浓度的增加而不断提高，因此在保证气化炉不超温的条件下，应尽可能增加煤浆浓度，以便提高有效气体成分。理论上水煤浆浓度越高越好，但兼顾水煤浆的流动性及稳定性，适宜的水煤浆质量分数通常为在 60%以上。

6. 煤灰熔融性流动温度

煤灰熔融性是气化用煤的重要质量指标，是判断气化用煤炉内气化过程中是否容易结渣的一项重要指标，也是煤类选择的重要依据。水煤浆气化煤灰熔融温度是指流动温度，它的高低与灰成分的化学性质密切相关。

水煤浆气化炉通常气化操作温度在 1300～1450℃，为保证气化炉能正常排渣，气化炉操作温度要高于灰的熔融温度（此处特指流动温度，FT）50～100℃，目前要求水煤浆气化炉熔融温度在 1300～1350℃（王艳柳和张晓慧，2009；邱峰和张娜，2011；李磊和路文学，2011；邢荔波，2016）。

适宜的气流床操作温度有利于延长气化炉耐火材料寿命，维持气化炉长周期安全稳定运行。因此，要求气化用煤煤类应有适宜的灰熔融性，维持气化炉操作温度，保证顺利排渣。但气化炉温度过高会产生以下不利影响。

(1) 煤灰熔融温度高，操作温度也随之提高，灰渣流动性增强，在耐火砖表面附着性降低，导致渣层较薄，不能有效抵御高温气体的冲刷和熔渣的侵蚀，起不到"以渣抗渣"的作用，极大地缩短耐火砖使用寿命。当气化炉操作温度提高，熔渣对耐火衬里的冲刷及熔蚀加快。现场经验和实验室测试都表明，当操作温度与特定的灰渣黏度相匹配时，耐火砖寿命最长。Texaco 发展公司已经做了大量试验以确定特定煤的灰渣的黏度与相应操作温度之间的关系。灰渣黏度一般随温度的升高而降低。操作温度下灰渣黏度太高将引起出渣口堵塞及排渣困难，甚至导致下降管损坏、大块渣形成及锁斗系统堵塞。操作温度下灰渣黏度太低，在耐火砖表面不能形成稳定的黏性保护层，将加速耐火砖剥落，且出渣口变大，气化炉压差下降，煤浆的雾化效果变差，煤粒反应时间缩短，灰渣中可燃物上升，发气量降低，一般的规则是气化炉操作温度在最佳黏度对应的温度以上每增加 44℃，耐火砖剥落速率增加 1 倍。操作温度超过 1400℃时，侵蚀作用更是成倍增加，一般原则上要求水煤浆气化用煤灰熔点低于 1300℃为宜。另外，操作温度过高会加剧对工艺烧嘴外喷头、激冷环外环管及下降管的烧蚀作用，降低气化炉关键设备的使用寿命。

本书调研的神华神木化工有限公司和兖州煤业榆林能化有限公司甲醇厂均采用原煤作为气化用原料煤，国家能源集团中国神华煤制油化工有限公司采用的锦界煤矿煤灰熔点较高，平均在1300℃左右，超过神华神木化工有限公司气化炉1350℃的临界运行温度，为保证气化炉正常运行，不得不降低气化运行温度，导致管道结渣，造成停产。

(2) 煤灰熔融温度高，操作温度也随之提高，有效气体(CO+H_2)成分减少，使气化效率降低，影响后续系统的产量，不利于经济运行。实践证明，煤的灰熔点越高，气化炉操作温度就越高。气化炉操作温度每提高 100℃，单位产品合成气(CO+H_2)的氧耗增加6%～7%，相应的煤耗亦要增加（贺根良和门长贵，2007）。另外，操作温度高，氧耗增大，系统热负荷增大，导致气化所产粗合成气中水汽比增大，气化炉和洗涤塔带水造成变换催化剂活性下降，使变换温度下降，后续工段难以稳定运行。以烟煤为例，入气化炉水煤浆浓度按 60%，随着气化炉操作温度升高，比煤耗、比氧耗逐渐增加，而冷煤气效率下降。山东兖矿鲁南化工有限公司开始在七五煤中掺烧低灰熔融性温度的北宿原煤，将石灰石的添加量由 2.4%减少到 1.3%，煤浆灰熔融性温度由 1400℃降至 1350℃，气化炉工况作了相应的调整，炉温大幅度降低，有效气含量从 75%升高到 78%～79%，气化炉运行趋于稳定，运行周期提高一倍以上（侯波等，2010）。

结合现神东地区煤质数据水煤浆气化炉实际运行情况，气化温度在 1255～l340℃区间时，适宜水煤浆气化（唐煜等，2014）。邢荔波（2016）通过对水煤浆加压气化煤质分析，建议 FT 在 1300～1350℃时，应考虑添加助熔剂或根据灰分的组成与低灰熔融性温度煤混配降低灰熔融性温度。

（三）水煤浆气流床气化用煤评价指标体系

1. 水煤浆气流床气化用煤评价指标体系

对于水煤浆气化而言，水煤浆气化过程中硫可通过脱硫工艺制硫黄，气化工艺对硫分要求较低；成浆浓度可通过内在水分和哈氏可磨性指数进行表征，因此本书硫分、成浆浓度不作为评价指标。水煤浆气流床气化用煤评价指标主要考虑煤灰熔融性流动温度、水分、哈氏可磨性指数、灰分四项煤质指标。水煤浆气流床气化用煤评价指标见表 5-24。

表 5-24 水煤浆气流床气化用煤评价指标体系

指标分级	煤灰熔融性流动温度/℃	水分/%	哈氏可磨性指数	灰分/%
一级指标	≤1350	≤10	>60	≤10
二级指标			50～60	10～25

2. 指标确定依据

1）煤灰熔融性流动温度

我国水煤浆气流床主要气化工艺技术有德士古水煤浆气化技术、四喷嘴气化技术和E-GAS 水煤浆气化技术，根据实地气化企业调研、专家咨询及资料收集整理，目前水煤浆气化工艺煤灰熔融性流动温度 FT 均在 1300℃以下，过高的煤灰熔融性流动温度会导致气化炉运行困难，不仅会缩短气化炉耐火材料寿命，还会影响气化炉安全稳定运行，造成停产等事故。

《商品煤质量 流床气化用煤》（GB/T 29722—2021）中，水煤浆气流床气化用煤煤灰熔融性流动温度 FT 技术要求为≤1450℃。

《煤化工用煤技术导则》（GB/T 23251—2021）中，要求煤灰熔融性流动温度 FT 热壁炉在 1100～1350℃，冷壁炉在 1100～1450℃。

经综合分析，本书将水煤浆煤灰熔融性流动温度指标确定为≤1350℃。

2）水分

张继臻等（2002）分析德士古水煤浆气化技术运行过程中内在水分对成浆浓度研究认为，气化用煤内在水分宜≤8%；井云环等（2013）结合国家能源集团宁夏煤业有限责任公司煤化工基地煤气化装置实际运行情况，对德士古气化技术、四喷嘴气化技术的工艺煤类适应性进行对比分析，认为原料煤内在水分应控制在 8 %以内，总水含量越低越好；刘兵和田靖（2013）通过水煤浆气化煤类适应性分析认为，气化用煤内在水分≤10%可以维持 60%以上的成浆浓度。本书实地调研的两家采用原煤作为水煤浆气化原料煤，煤质内在水分均低于 4%。

经综合分析，本书将水分指标确定为≤10%。

3）哈氏可磨性指数

步学朋等（2009）通过分析水煤浆气化用煤煤质认为，哈氏可磨性指数在 50～60，可以降低制粉功率。于遵宏等（2010）通过对可磨性与成浆浓度的相关研究发现，当哈氏可磨性指数小于 50 时候，煤浆浓度急剧下降。唐煜等（2014）通过对气流床气化工艺三种不同煤质分析研究认为，一般要求气化用煤哈氏可磨性指数大于 60，以保证煤粒在气化炉短暂的停留时间内完成气化。本书实地调研的两家采用原煤作为水煤浆气化原料煤哈氏可磨性指数均在 50 以上，成浆浓度都在 60%～62%。

《煤的哈氏可磨性指数分级》（MT/T 852—2000）中，将哈氏可磨性指数＞40～60 的煤定为较难磨煤，哈氏可磨性指数＞60～80 的煤定为中等可磨煤。

《商品煤质量 流床气化用煤》（GB/T 29722—2021）中，水煤浆气流床气化用煤哈氏可磨性指数分为两级：＞65 为Ⅰ级，≥40～65 为Ⅱ级。

经综合分析，本书将哈氏可磨性指数＞60 定为一级指标，≥50～60 定为二级指标。

4）灰分

邢荔波（2016）对褐煤、烟煤、无烟煤用作水煤浆加压气化的煤质分析中认为，水煤浆气化炉原料煤灰分最高不要超过 20%，最好在 15%以下，灰分越高，气化炉比氧耗、比煤耗越高，冷煤气效率越低。唐煜等（2014）等对国家能源集团神东煤炭集团公司 3 个不同矿区原料煤煤质进行水煤浆气化技术比选分析认为，对于水煤浆气化，灰分不宜超过 13%。步学朋等（2009）通过分析水煤浆气化用煤煤质指标资料认为，虽然灰分在 20%～25%的煤可用作气化原料，但灰分过高，会增加氧耗，降低碳转化率和气化效率，另外，排渣负荷也相应增加，操作难度加大。张继臻和种学峰（2022）在对德士古煤气化原料煤的开发试验过程总结认为煤中灰含量不得高于 20%，越低越好。

《煤炭质量分级 第 1 部分：灰分》（GB/T 15224.1—2018）中，灰分≤10%为特低灰煤，灰分 10%～20%为低灰煤，灰分 20%～30%为中灰煤。

《商品煤质量 流床气化用煤》（GB/T 29722—2021）中，水煤浆气流床气化用煤灰分分为三级：≤10%为Ⅰ级，＞10%～20%为Ⅱ级，＞20%～25%为Ⅲ级。

本书将灰分指标确定为两级，一级指标为≤10%（特低灰煤），二级指标为＞10%～25%（中灰煤）。

五、干煤粉气流床气化用煤评价技术要求

（一）干煤粉气流床气化工艺

干煤粉气流床气化工艺是当今国际上最先进的煤气化技术之一，与水煤浆气化技术相比，具有煤种适应性广、原料消耗低、碳转化率高、冷煤气效率高等优势，有更强的市场竞争力。

1. GSP 干煤粉加压气化技术

GSP 干煤粉加压气化技术由民主德国的德意志燃料研究所于 20 世纪 70 年代末开发，目的是用高灰分褐煤生产民用煤气。1984 年，在黑水泵市的劳柏格电厂建立了一套 130MW 冷壁炉的商业化装置，原料处理能力为 720t/d，该装置运行十多年未更换过气化炉烧嘴的主体和水冷壁。该工艺属单烧嘴下行制气，干煤粉进料，加压氮气或二氧化碳输送，连续性好，煤种适应性广，可以处理灰分含量为 1%～35%的各种煤质；气化炉采用水冷壁结构，无耐火砖衬里，维护量较少，气化炉利用率高，运转周期长，无需备炉，气化炉及内衬使用寿命在 10 年以上；气化炉只有一个联合烧嘴（开工烧嘴与煤烧嘴合二为一），烧嘴使用寿命长；气化操作压力 3.0～4.0MPa，操作温度 1400～1500℃。

国内于 2007 年由国家能源集团宁夏煤业有限责任公司率先引进 5 套 SFG500 型（投煤量约 2000t/d）GSP 气化装置用于国家能源集团宁夏煤业有限责任公司烯烃项目，于 2010 年 11 月建成试车。通过几次技改，目前运行状况稳定。

2. 壳牌（Shell）干煤粉加压气化技术

该技术由荷兰 Shell 公司在渣油气化技术取得工业化成功经验的基础上开发得到，1978 年第一套中试装置在民主德国汉堡建成并投入运行。1987 年在美国休斯敦建成日投煤量 250～400t 的示范装置投产。日投煤量 2000t 的大型气化装置于 1993 年在荷兰的比赫讷姆（Buggenum）建成投产，用于联合循环发电。该技术可气化褐煤、烟煤、无烟煤、石油焦及高灰熔点的煤，属多烧嘴上行制气，气化炉采用水冷壁，无耐火砖衬里，用废热锅炉冷却回收煤气的显热，副产 5.2MPa 中压蒸汽，气化温度可以达到 1500～1700℃，气化压力可达 3.0～4.0MPa。Shell 气化炉对于使用煤种有一个比较明确的要求。

（二）煤质指标对干煤粉气流床气化的影响

干煤粉气流床气化由于不受成浆浓度和气化温度高影响，煤类适应性范围较广，可以使用褐煤、长焰煤、不黏煤、弱黏煤、气煤、瘦煤、贫瘦煤作为气化用煤（申凤山，2013；井云环等，2013）。本书分析了水分、灰分、硫分、哈氏可磨性指数、煤灰熔融性流动温度五项煤质指标对干煤粉气流床气化的影响。

1. 水分

气化用煤中控制水分含量,主要是为了保证正常气化运行以及获得较好的气化效率。

煤中水分高低对粉煤磨制及输送的影响非常大。煤中水分偏高,会显著增加磨煤单元能耗,导致粉煤在储存过程中形成架桥堵塞,给粉煤转储带来不便,粉煤输送单元通气设备的使用寿命也会大大缩短,粉煤在高水分情况下输送无法形成连续相,粉煤速度测量所需的静电也会明显减少,导致粉煤循环发生波动给煤烧嘴的安全运行带来危害。

气化用煤中的水分要低,煤在气化过程中需要放出足够的热量保证气化炉的反应物发生气化反应,水分的存在会使气化反应产生大量水蒸气,不仅消耗大量的热量,增加了能耗,还会导致粉煤气化的碳转化率有所降低。主要是由于粉煤的微晶结构呈细小颗粒状,而煤中水分高会导致粉煤微晶结构呈片状,大大降低粉煤气化的碳转化率。

总之,气化用煤中的水分越低越好。

2. 灰分

对干煤粉气化炉而言,煤的灰分对气化反应存在很大的影响,灰分过低、过高都会影响气化效果。因此,合理选择灰分含量是保证气化炉安全经济运行的关键。

1) 灰分过低的影响

粉煤气化炉通常采用水冷壁结构,采用"以渣抗渣"的原理来保证气化炉有效运行(闫波等,2014)。根据相关资料,当气化用煤灰分含量低于10%时,气化炉的热损大,且不利于炉壁的抗渣保护,甚至形成不了挂渣,无法在气化炉膜式水冷壁上形成保护渣层,易造成水冷壁损坏,影响气化炉的使用寿命(张涛和李耀,2015);此外,渣层还能有效维持气化炉温度,减少热损,从而对降低气化炉氧耗、煤耗,提高气化炉冷煤气效率有很大帮助。安徽晋煤中能化工股份有限公司对灰分较低(5%左右)的新疆黑山煤进行试烧,结果导致气化炉挂渣困难,工况波动大,气化炉只能维持在低负荷运行,消耗较高,目前该公司根据实际运行的摸索,发现适合航天炉的原煤灰分一般要求在10%~15%(童维风,2014)。中国神华煤制油化工有限公司鄂尔多斯煤制油分公司 Shell 粉煤气化炉在实际运行过程中煤中灰分也基本控制在12%以上,来保证气化炉水冷壁上形成挂渣。姜从斌和朱玉营(2014)统计了2012年在役运行的7台航天炉试烧的数十种煤的煤质分析、试烧工况数据,分析航天炉对煤类的适应性,结果表明,航天粉煤加压气化理想煤质灰分含量中等(15%~25%),灰熔点适中(1200~1350℃),挥发分在25%~35%。

2) 灰分过高对气化的影响

随着煤类灰分的增加,气化的各项消耗指标均增加,如氧耗、煤耗指标均增加,而净煤气的产率下降,气化后的有效气体成分也减少。虽然所有气化均设置有气化热回收利用,但是各处的热损失以及灰渣带走的热量均是一笔不小的损失。根据资料介绍,在相同反应条件下,灰分增加1%,氧耗增大0.7%~0.8%,煤耗增大1.3%~1.5%,灰分越高气化煤耗、氧耗越高,灰渣对炉内构件的冲刷磨蚀越快(李磊和路文学,2011)。

灰分越高则灰渣量越大，对输煤、气化炉灰渣水处理系统的影响越大，气化炉及灰渣处理的系统除渣负荷也就越重，对管道和设备的磨蚀也随之加快，大大影响了气化炉的长周期运行，严重时会影响气化炉的正常运行，加速设备、管道、阀门的磨损，影响其使用寿命，给气化装置长周期稳定运行埋下隐患。安徽晋煤中能化工股份有限公司2009年因煤类更换，灰分高达30%，工艺调整不及时造成淤浆无法及时抽出，最终导致沉降槽积满淤浆，气化装置被迫停车。

3）灰分的波动对气化的影响

在粉煤气化的实际运行过程中，粉煤流量测量的准确性是一大难题，为氧量的自动调整设置了巨大的障碍。当灰分变化频繁时，氧量调整相对困难，如果灰分高频率波动时，氧量的调整几乎无法对应和及时，如此将会导致氧煤比偏高或者偏低，直接导致冷煤气效率降低，影响整个气化反应。

3. 硫分

参照水煤浆气流床气化技术中硫对气流床的影响。

4. 煤灰熔融性流动温度

煤灰熔融性流动温度是气流床设计及选型的一个重要指标。灰熔点过高或过低都不利于气化炉的运行。目前干煤粉气流床气化温度为1400～1600℃，为了保证顺利排渣，气化炉的操作温度要高于进料煤煤灰熔融性流动温度约100℃（马宁，2013）。

灰熔点过低，会造成气化炉挂渣困难，加快水冷壁的磨蚀速度，另外灰熔点过低会导致合成器冷却器入口处的飞灰黏度增加，容易造成合成器冷却器积灰，而确保合成器冷却器入口温度，需要加大激冷气量，但也会加剧输送段磨蚀。

对于Shell干煤粉气化炉，粉煤气化炉内运行温度在1450～1550℃，一般Shell气化炉操作温度要比煤的灰熔点高120℃左右（步学朋等，2009）。因此，要求煤的灰熔点一般在1250～1450℃，要是灰熔点太低，容易使气化粉煤的碳转化率偏低，可能还会致使气化炉水冷壁上不能正常挂渣，影响气化炉的安全连续稳定运行。对于低灰熔点煤类，一般通过将几种原煤按一定比例配煤来提高其灰熔点。国家能源投资集团有限责任公司直接液化项目两台Shell干煤粉气化装置采用低灰的上湾煤矿煤，灰熔点只有1200℃左右，不能满足Shell干煤粉气化工艺灰熔融性要求，导致Shell干煤粉气化炉膜式水冷壁上很难挂渣，耐火材料受合成气流冲刷脱落，气化炉寿命大大缩短，为保证气化炉正常运行，通过混掺10%左右的高灰熔融性、高灰分、高硫分的乌海煤，使混合煤的煤灰熔融性高于1250℃，改善气化用煤性质，实现Shell干煤粉气化炉长周期连续运转（吴秀章等，2012），见表5-25。

灰熔点过高，要求气化炉炉温较高，但超过粉煤气化的最高允许温度，会缩短隔焰罩、烧嘴等设备的使用周期，给设备带来很大的安全隐患，同时气化炉过高的炉温会生成更多的CO_2，降低气化炉有效气含量。

表 5-25 上湾煤、乌海煤和混合煤煤质分析

项目	上湾煤	混合煤	乌海煤
水分/%	13.40	6.59	6.80
灰分/%	7.66	9.10	30.82
挥发分/%	29.95	31.65	21.61
煤灰熔融性流动温度/℃	约 1200	1260	1500

一般情况下，中低灰熔点的煤对干煤粉气化运行是有利的，目前我国正在运行的气化炉温度基本在 1400℃左右，少数在 1500～1600℃。当气化操作温度为 1400℃或更高时，大多通过添加助溶剂或低灰熔点煤混合使用，即通过配煤的方式，如晋城长平煤、凤凰山高硫煤、新桥末煤灰熔点都在 1450℃以上，很难实现单独试烧，见表 5-26。安徽晋煤中能化工股份有限公司的一、二期气化装置都长期采用晋城长平煤和神木烟煤或其他长烟煤的混合煤，炉况稳定。

表 5-26 晋城长平煤及混合煤灰熔点参数

分析项目		神木烟煤、晋城长平煤 1∶1 混合煤	晋城长平煤
灰分/%		13.95	25.65
挥发分/%		21.52	8.93
煤灰熔融性/℃	变形温度	1330	>1450
	软化温度	1350	
	半球温度	1380	
	流动温度	1390	

5. 哈氏可磨性指数

煤的可磨性一般用哈氏可磨性指数 HGI 来表征，通常情况下，哈氏可磨性指数越大，表示煤越容易磨碎，反之亦然。如果气化煤类的 HGI 偏低，则原煤在磨煤机中停留的时间就会延长，磨煤机的出力就会下降，磨煤机的负荷也会相应增加，磨制单位质量粉煤的成本也会上涨。严重时，还会导致磨煤机磨制出来的粉煤粒度大小无法满足生产需要。Shell 粉煤气化工艺要求选用哈氏可磨性指数较高的煤类作为气化煤类，才能保证 Shell 粉煤气化装置运行的经济性。

(三)干煤粉气流床气化用煤评价技术要求

1. 干煤粉气流床气化用煤评价指标体系

干煤粉气化工艺不仅适宜低水分的烟煤，高水分的褐煤也可使用，工艺对煤中水分要求范围较宽松；干煤粉气化过程中硫可通过脱硫工艺制硫黄，气化工艺对硫分要求较

低；哈氏可磨性指数对于干煤粉气化的影响主要为增加磨煤机运行负荷，降低磨煤机产量，因此本书水分、硫分、哈氏可磨性指数不作为评价指标。干煤粉气流床气化用煤评价指标主要考虑煤灰熔融性流动温度、灰分两项。干煤粉气流床气化用煤评价指标见表 5-27。

表 5-27　干煤粉气流床气化用煤评价指标体系

指标分级	煤灰熔融性流动温度/℃	灰分/%
一级指标	≤1450	≤20
二级指标		>20~35

2. 指标确定依据

1) 煤灰熔融性流动温度

我国干煤粉气流床气化工艺技术主要有 GSP 干粉加压气化技术、Shell 干煤粉加压气化技术、航天炉粉煤加压气化技术和两段式干煤粉加压气化技术，通过对干煤粉气化资料收集整理，目前干煤粉气化工艺要求煤灰熔融性流动温度均在 1450℃以下，当煤灰熔融性流动温度超过 1450℃，会导致过高的运行温度，不仅会缩短设备的使用周期，还会给设备带来很大的安全隐患。

《商品煤质量　流床气化用煤》(GB/T 29722—2021)中，干煤粉气流床气化用煤煤灰熔融性流动温度技术要求为：≤1450℃。

《煤化工用煤技术导则》(GB/T 23251—2021)中，干煤粉气流床气化工艺要求煤灰熔融性流动温度：热壁炉在 1100~1350℃，冷壁炉在 1100~1450℃。

本书将干煤粉气流床气化熔融性流动温度确定为≤1450℃。

2) 灰分(A_d)

步学朋等(2009)通过对现有干煤粉气化资料整理指出，灰分在 20%~35%对于一些企业也是可接受的，但灰分含量最好控制在 20%以下；李磊和路文学(2011)从经济角度考虑认为，煤的灰分应不大于 30%；刘兵和田靖(2013)认为，干煤粉气化最高灰分应不大于 35%；马乐波和焦洪桥(2010)针对神华宁煤集团不同煤化项目 GSP 干煤粉气化工艺，从工艺流程、主要设备和技术指标方面进行研究，认为气化用煤灰分应当不大于 20%；唐煜等(2014)对干煤粉气化工艺分析认为，粉煤气化最佳灰分含量为 12%~25%，不应高于 30%。国家能源集团宁夏煤业有限责任公司 GSP 干煤粉气化所用煤灰分为 20%左右，所用煤类不需要洗选，可直接用于气化(潘强等，2009)。

根据目前收集资料，Shell 干煤粉气化炉运行灰分在 10%~25%范围为佳，航天炉要求的最佳灰分范围为 8%~25%。

《煤炭质量分级　第 1 部分：灰分》(GB/T 15224.1—2018)中，灰分≤20%为低灰煤，灰分 20%~30%为中灰煤，灰分 30%~40%为中高灰煤。

《商品煤质量 流床气化用煤》(GB/T 29722—2021)中,干煤粉气流床气化用煤灰分分为三级:≤10%为Ⅰ级,>10%～20%为Ⅱ级,>20%～25%为Ⅲ级。

本书将灰分指标分为两级:一级指标为≤20%(低灰煤),二级指标为>20%～35%(中高灰煤)。

第六章

清洁用煤资源潜力评价方法

清洁用煤资源/储量按照制定的评价标准划分为液化用煤资源/储量、气化用煤资源/储量、焦化用煤资源量。依据规划矿区范围及边界，按照煤质指标分布特点及划定的清洁用煤分布范围及特殊用途，对国家规划矿区内所有井田(勘查区)的主采煤层编制资源量估算图和清洁用煤资源评价图。

第一节　评　价　内　容

一、评价单元

以批复矿区内井田(勘查区)的主采煤层为基本评价单元，资源/储量数据截至 2015年底。

二、清洁用煤资源/储量分类分级

（一）液化、气化、焦化用煤

依据"特殊用煤资源潜力调查评价"要求第五部分(清洁用煤煤质评价技术要求)，通过对一系列煤岩煤质指标的统计分析与比对，将清洁用煤资源/储量划分为液化用煤资源/储量、气化用煤资源/储量、焦化用煤资源/储量。其中，液化用煤资源/储量又可根据液化用煤的质量评价指标体系划分为一级、二级、三级资源/储量，气化用煤资源/储量又可根据气化用煤的质量评价指标体系划分为常压固定床、流化床、气流床气化用煤资源/储量。

（二）资源/储量

液化、气化、焦化用煤资源/储量分类参照《固体矿产资源/储量分类》(GB/T 17766—1999)中的资源/储量分类(表 6-1)。

表 6-1　固体矿产资源／储量分类表

经济意义	地质可靠程度			
	查明矿产资源			潜在矿产资源
	探明的	控制的	推断的	预测的
经济的	可采储量(111)			
	基础储量(111b)			
	预可采储量(121)	预可采储量(122)		
	基础储量(121b)	基础储量(122b)		
边际经济的	基础储量(2M11)			
	基础储量(2M21)	基础储量(2M22)		
次边际经济的	资源量(2S11)			
	资源量(2S21)	资源量(2S22)		
内蕴经济的	资源量(331)	资源量(332)	资源量(333)	资源量(334)?

注：第 1 位数表示经济意义，即 1 = 经济的，2M = 边际经济的，2S = 次边际经济的，3 = 内蕴经济的，? = 经济意义未定的；第 2 位数表示可行性评价阶段，即 1 = 可行性研究，2 = 预可行性研究，3 = 概略研究；第 3 位数表示地质可靠程度，即 1 = 探明的，2 = 控制的，3 = 推断的，4 = 预测的；第 4 位数 b = 未扣除设计、采矿损失的可采储量。

(三)煤层

以收集的煤田地质资料为基础,结合调查、采样工作实际,分主采煤层统计各井田(勘查区)、矿区的清洁用煤资源/储量。

(四)垂深

以各井田地质勘查报告为基础,结合"全国煤炭资源潜力评价"等资料,本书清洁用煤资源/储量统计 2000m 以浅的煤炭资源,起算深度统一定为当地侵蚀基准面,划分为 0～600m、600～1000m、1000～1500m、1500～2000m 四个深度级别。

三、工作程序

遵循资料收集→野外调查→采样化验→煤岩煤质数据统计分析→清洁用煤类型划分→清洁用煤资源/储量统计→清洁用煤资源潜力评价的工作程序,各程序之间互为关联、互为反馈、密不可分,资料分析、综合研究工作应贯穿于清洁用煤资源潜力评价的各个环节中。

第二节　资源评价方法

一、煤质基本数据统计

将井田或勘查区作为基本评价单元,采用加权平均方法,分别统计所有参评基本单元的计算参数。基本数据包括挥发分产率、镜质组最大反射率($R_{o,max}$)、氢碳原子比、全硫含量、灰分等煤岩煤质参数，如果缺乏实测数据，则可采用地质类比法获得相关数据，划分焦化、液化和气化用煤的类型与级别。

二、煤质基础图件编制

在清洁用煤专项地质调查的基础上，充分整理以往地质勘查资料，以煤类分布作底图，完成重点矿区各个井田煤层对比，并挑选具有代表性的煤质化验成果开展主要煤质特征分布图编制。基础图件包括清洁用煤资源潜力评价图，挥发分、氢碳原子比、镜质组最大反射率图、灰分等值线图、硫分等值线图等。根据各重点矿区的不同成图范围，在 1∶25 万～1∶5 万范围内选用合适的成图比例尺，局部重点区如有必要需制作局部放大图。等值线图基础数据选择原则是：1∶25 万等值线图编制的原始数据密度不少于 4 点/100km^2。

挥发分等值线分布图：专题要素包括挥发分(浮煤)等值线、调查矿区主要挥发分范围及基本特征。以挥发分 35%为界(液化用煤对挥发分的要求)，按照 1%或 2%……的间距，以反映变化趋势为原则，并对主要等值线的数值进行标注。同时，每个井田原则上标注至少一个镜质组最大反射率数据，数据较多时应该画出镜质组最大反射率等值线分布图。

氢碳原子比等值线图：专题要素包括氢碳原子比等值线(干燥无灰基)、镜质组最大反射率、主采煤层氢碳原子比、镜质组最大反射率基本情况简介。氢碳等值线(干燥无灰基)按照 0.01 或 0.02 或 0.05……的间距编制，并对主要等值线的数值进行标注。

灰分等值线图：专题要素包括原煤灰分等值线、主采煤层灰分范围及基本特征简介。灰分等值线按照 2.00%或 5.00%的间距编制，并对主要等值线的数值进行标注。

硫分等值线图：专题要素包括硫分等值线、主采煤层硫分分布范围及基本情况简介。硫分按照 0.25%或 0.50%的间距(以图面美观为原则)画出不同数值的等值线，并对主要等值线的数值进行标注。

三、清洁用煤资源评价

依据国家发展和改革委员会批准的规划矿区范围及边界，按照煤质主要指标分布特征及清洁用煤评价指标划定清洁用煤的分布范围及特殊用途，以国家规划矿区为单元，根据规划矿区内所有的井田(勘查区)主采煤层资源量估算图编制规划矿区清洁用煤资源评价图，有多层主采煤层的要分别编制。专题要素包括清洁用煤资源分布范围及资源量、主采煤层清洁用煤划分及资源量分布情况。

(一)煤炭资源勘查现状分析

对不同井田的勘查程度进行划分，划分出已利用井田、达到可利用程度井田、未达到可利用程度井田 3 种。其中已利用井田包括生产矿井、在建矿井；达到可利用程度井田包括勘查程度为勘探、详查最终勘探、普查最终勘探的井田；未达到可利用程度井田包括勘查程度为预查、普查、详查的井田。已利用井田、达到可利用程度井田合称为可供开发利用的井田,其资源量称为可供开发利用的资源量。

(二)清洁用煤资源量估算

按照有所侧重、突出重点的原则,对焦化、液化、气化用煤的分级与资源量进行统计。根据清洁用煤分类指标,在划分基本评价单元(主采煤层)的清洁用煤类型及级别的基础上,系统收集最新批复矿区内各个井田(勘查区)的最新地质报告,以井田为单位分级分类统计清洁用煤资源量。批复矿区的液化、气化和焦化资源/储量由矿区内各井田(勘查区)焦化、液化、气化用煤资源储量累加。

各井田(勘查区)根据液化、气化和焦化用煤评价指标确定其基本评价单元(主采煤层)归属的清洁用煤类型,即各类清洁用煤资源量不进行重复计算。对于已关闭或停产的矿井收集该矿井的最新地质报告,按照技术要求统计相关数据;对个别难以收集较全面资料的矿井,可参照全国煤炭潜力评价、全国矿产资源储量核查相关数据或根据其地质资料结合其生产情况对其剩余资源进行估算。

资源量估算从三个属性进行分级,每一个属性都有 2~3 个分级,具体框架见图 6-1。X 轴为清洁用煤(焦化用煤、液化用煤、气化用煤)煤质评价分级(一级指标、二级指标),具体分级指标见本章第三节;Y 轴为勘查开发利用程度(已占用、可利用、未达可利用);Z 轴为矿(井)田规模(大型、中型、小型)。在此框架图上统计清洁用煤资源量,具体表格样式见表 6-2。

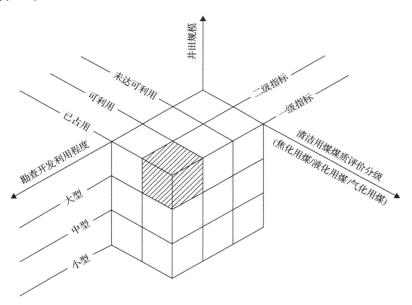

图 6-1 清洁用煤资源分类分级评价框架图

"已占用特殊用煤资源量"简称"已占用"; "可供开发的特殊用煤资源量"简称"可利用"; "未达可利用的特殊用煤资源量"简称"未达可利用"; 大型(煤炭资源量大于 10000 万 t)、中型(煤炭资源量 5000 万~10000 万 t)、小型(煤炭资源量小于 5000 万 t)

表 6-2 清洁用煤资源量分类统计表模板

清洁用煤类型			焦化用煤资源量								液化用煤资源量								气化用煤资源量							
质量级别			一级				二级				一级				二级				一级				二级			
勘查开发利用程度			已占用	可利用	未达可利用	小计	已占用	可利用	未达可利用	小计	已占用	可利用	未达可利用	小计	已占用	可利用	未达可利用	小计	已占用	可利用	未达可利用	小计	已占用	可利用	未达可利用	小计
A1 矿区/井田																										
A2 矿区/井田																										
……																										
合计	大型																									
	中型																									
B1 矿区/井田																										
B2 矿区/井田																										
……																										
合计	大型																									
	中型																									

第七章

清洁用煤调查综合编图技术要求

系列图共分为全国清洁用煤资源分布概略图、全国清洁用煤资源潜力评价图、全国清洁用煤资源分布图、全国煤系共伴生矿产资源分布图、全国煤炭资源勘查开发现状图、全国可供建井的煤炭资源分布图。全国性的图件统一采用1：500万比例尺，全国性的概略图原则上不做局部放大图。

第一节　全国类清洁用煤分布图

一、全国类图件成图内容

（一）全国清洁用煤资源分布概略图

1. 资料来源

地理、地质资料主要来源于最新一轮煤炭资源潜力评价，并作适当简化，矿区划分方案参照国家发展和改革委员会批复的规划矿区，清洁用煤分布情况来自于本书研究成果，对收集到的以往煤炭地质勘查成果进行整理汇总，编制全国特殊清洁用煤资源分布概率图和煤质成果数据表；煤炭资源内容来源于本书研究成果，主要是全国煤炭资源勘查开发跟踪研究（资源评价部分）基础数据库，截止日期为 2015 年 12 月。

2. 编图的目的、任务、要求及主要内容

编图的目的：在地质历史演化过程中的煤变质作用类型和变质程度造成的煤类、煤质的差异，决定不同类型煤炭资源的利用途径和利用价值。根据全国各个成煤期煤炭资源的分布情况来研究不同清洁用煤资源的分布范围和分布特征，并对清洁用煤的潜力评价、综合勘查和开发工作部署提供技术支持。充分收集原煤炭工业部开展的第三次全国煤田预测及最新的全国煤炭资源潜力评价成果、各个省（自治区、直辖市）开展的煤炭地质勘查成果、煤中微量元素专题研究成果、稀缺优质煤的专题研究成果等资料，运用新的地质理论和方法，进行深入、全面的综合分析，开展清洁用煤分布特征研究。

编图的任务：全面收集整理各省（自治区、直辖市）以往煤炭地质勘查成果及煤质化验数据，依据本书制定的清洁用煤概略指标，对全国煤炭资源分布的重点矿区煤炭资源进行分类，编制全国特殊资源煤质数据成果表，以此为基础编制"概略图"，以阐明我国清洁用煤分布情况。

图件编制的总体要求：以矿区主要可采煤层确定煤类，确定依据为《中国煤炭分类》（GB/T 5751—2009），以煤炭资源潜力评价煤类分布图为基础，适当简化，根据清洁用煤划分标准划分出主要的气化、液化、焦化用煤煤类，并标识矿区名称、煤类、清洁用煤类型、资源量等内容。

主要内容：图件主要包括全国气化、液化、焦化用煤资源的分布概况、资源量及重点分布区边界。地质要素包含清洁用煤的类别（气化、液化、焦化）、煤类信息、重点矿区名称及边界。地理要素包括坐标格网、居民地、道路、铁路、水系、省界、主要的地名。附表部分，在各矿区范围内附"矿区清洁用煤资源统计表"，列出标识矿区名称、煤类、清洁用煤类型、资源量等内容。在总图右下方以省（自治区、直辖市）为单位，以矿区为单元附表，列出清洁用煤的保有资源储量、基础储量及资源量等。

3. 编制方法

以气化、液化、焦化用煤评价概略指标为基础，明确对应的煤类及概略煤质参数（焦化、液化用煤可参照特殊稀缺煤的稀缺炼焦煤和直接液化用煤煤质参数），结合收集的煤质及资源量统计资料，以矿区为单元，确定清洁用煤类并以不同颜色标识，并附表说明其资源量，其余煤类统一颜色标识。图件编制工作流程图见图 7-1。

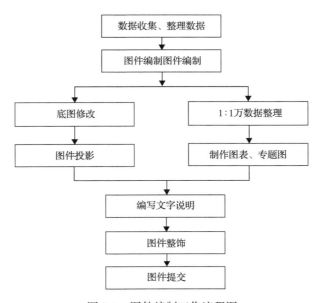

图 7-1 图件编制工作流程图

（二）全国清洁用煤资源潜力评价图

1. 编图的目的任务

编图的目的任务：根据近十多年来新的地质资料和地质成果，在"全国煤炭资源潜力评价"的基础上，从资源特征方面，进行液化用煤、气化用煤、焦化用煤资源分级研究，并统计资源量，基本掌握全国液化、气化、焦化用煤资源总量及构成，并评价清洁用煤可供开发利用资源量。综合分析我国能源形势和煤炭资源供需状况，研究国际煤炭资源开发利用态势，评价我国液化用煤、气化用煤、焦化用煤资源潜力。

2. 总体要求及主要内容

图件编制的总体要求：以全国煤炭资源潜力评价煤类分布图为基础，适当简化，根据清洁用煤划分标准划分出主要煤层的气化、液化、焦化用煤煤质指标，确定清洁用煤资源分级，并标识矿区名称、煤类、清洁用煤类型、分级、保有资源量、基础储量及资源量等内容。

主要内容：地理、地质、矿区及煤质部分参见上述资料来源内容并适当简化。资源潜力部分，以勘查区（矿井）埋深在1200m以浅主采煤层作为基本评价单元，分别统计所有参评基本单元的煤质参数。基本数据包括挥发分产率、镜质组最大反射率、H/C原子比、全硫含量、各种形态硫含量（$S_{p,d}$、$S_{s,d}$、$S_{o,d}$）、灰分等煤质参数，如果缺乏实测数据，则可采用地质类比法获得相关数据。根据清洁用煤分类指标，以及挥发分产率、镜质组最大反射率、H/C原子比、全硫含量、灰分等煤质参数指标，划分基本评价单元（主煤层）的清洁用煤类型及分级，每一基本评价单元对应一种类型，并统计相应清洁用煤类型保有资源量及可供开发利用煤炭资源量。其中可供开发利用煤炭资源量主要是指勘探阶段资源量。附表部分，在各矿区范围内附"特殊清洁用煤分级资源统计表"，列出标识矿区名称、煤类、清洁用煤类型、分级、保有资源量及可供开发利用资源量等内容。在总图右下方以省（自治区、直辖市）为单位，附"清洁用煤分级统计表"，列出清洁用煤类型及分级资源量统计表，附以直方图表示各省（自治区、直辖市）清洁用煤资源构成。

3. 编制方法

通过项目测试数据和对收集资料的综合分析，以清洁用煤评价分级指标为基础，主要煤层的煤质参数以勘查区（井田）控制点的算术平均值，确定清洁用煤类型及分级，以不同颜色标识，并附表表明其资源量。

（三）全国清洁用煤资源分布图

编图的目的和任务同全国清洁用煤资源分布概略图。

全国性的图件统一采用1：500万比例尺，不做局部放大。

图件编制的总体要求：以本书清洁用煤指标为基础，通过对收集资料及测试数据的综合分析，以矿区主要可采煤层为调查单元，确定清洁用煤类型，并标识矿区名称、清洁用煤类型、资源量等内容，同一矿区内不同资源类型或相同资源类型独立的块段以不同编号标识。

（四）全国煤系共伴生矿产资源分布图

1. 资料来源

地理、地质资料主要来源于最新一轮煤炭资源潜力评价，并作适当简化，煤系共伴生矿产资源（锂、锗、镓等）分布来源于本书研究成果，主要包括自然资源部、中国煤炭工业协会煤炭地质分会、全国地质资料馆及各省地勘等单位收集的煤炭资源数据资料及调查区化验测试数据。

2. 主要内容

图件主要包括全国不同时代的含煤岩系中主要特殊高元素（锂、锗、镓等）的异常分布区、矿点、元素种类、异常值、估算资源量等信息。

地质要素：包含赋煤带名称及边界（矿区/煤田）、共伴生元素异常分布区、异常矿点、煤系矿产种类、勘查区/矿井、钻孔及钻孔编号、含矿地层时代、含矿载体、含矿层埋深、异常区面积、含矿层厚度、异常值（含量范围/均值）、估算资源量。

地理要素：包括坐标格网、居民地、一级道路、铁路、二级以上水系、省界、省会城市及主要城市等。

嵌表：煤系共伴生矿产资源异常分布区和异常矿点相关信息的数据表。

3. 编制方法

煤炭资源分布情况以最新一次全国煤炭资源潜力评价的成果为主要参考依据，煤系共伴生矿产资源分布根据本书调查和研究成果，分矿种、分颜色、分图例标识异常分布区、异常矿点等信息：

1）异常分布区、异常矿点说明嵌表

包含要素为：勘查区/矿井、煤系矿产种类、含矿载体、异常值、估算资源量（表7-1）。

表 7-1 异常分布区、异常矿点说明嵌表

勘查区/矿井	
煤系矿产种类	
含矿载体	
异常值	最小值–最大值/平均值
估算资源量/t	

2）异常分布区、异常矿点属性

属性中隐含赋煤带名称、勘查区/矿井、矿产种类、含矿地层时代、含矿载体、含矿

层埋深、异常区面积、含矿层厚度、异常值(范围值/平均值)、估算资源量。

3)汇总嵌表

包含要素为:煤系矿产种类、勘查区/矿井、含矿载体、异常值和估算资源量(表7-2)。

表7-2 异常分布区、异常矿点汇总嵌表

异常分布区/异常矿点	煤系矿产种类	勘查区/矿井	含矿载体	异常值(最小值–最大值/平均值)	估算资源量/t
异常分布区	锂				
	镓				
异常矿点	…				

(五)全国煤炭资源勘查开发现状图

全国煤炭资源勘查开发现状图一方面系统反映我国煤炭资源勘查程度,另一方面系统反映煤炭开发状况。

1. 资料来源

首先收集2009年以来的勘查报告索引目录,查阅、摘抄及收集相应的勘查报告资料。前往全国地质资料馆进一步翻阅、摘抄并收集2009年相应的勘查报告资料。晋、陕、蒙地区的资料利用"清洁用煤资源潜力调查评价"研究收集的资料,其他地区如黑、吉、辽、冀、鲁、豫、皖、宁、甘、新等省(自治区)的勘查资料可前往收集;西南及华南地区的资料,重点收集2009年以来黔、滇、川、渝、湘、鄂、赣、闽等省(直辖市)的勘查资料。以全国煤炭资源潜力评价的全国煤炭资源储量数据表为基础,更新勘查区的变化情况,更新生产及在建井的基础资料,更新现有的生产矿井累计探获的资源量、现有的保有资源量,生产矿井改、扩建及整合后的资源量,矿井整合后的面积等信息,更新勘查开发部分内容。

2. 编图的目的、任务、要求及主要内容

在"全国煤炭资源潜力评价"成果的基础上,收集、整理2009年以来我国煤炭地质勘查成果,分析全国煤炭资源勘查开发现状,按照煤炭资源清洁高效利用要求,动态开展煤炭资源综合评价,结合我国煤炭资源消费现状、需求及趋势研究,编制年度全国煤炭资源勘查开发跟踪研究报告,为国家煤炭资源规划及宏观政策提供依据。

图件主要包括全国煤炭资源分布状况及其资源量等信息。具体的地质及专题要素包含:

(1)地质部分反映与煤炭资源潜力评价有关的地层界线,构造线、岩浆岩等。

（2）开发部分指已建井生产和在建井的区块，显示其范围。"属性"中隐含其名称、面积、占有资源量/储量。用收集的最新开发现状资料更新原有的潜力评价资料。

（3）勘查程度部分按已做了精查（勘探）、详查、普查、预查各阶段，图面分色显示其范围，"属性"中隐含其名称、面积、资源量/储量。

（4）嵌表及嵌图：全国煤炭资源量及资源开发现状等信息汇总表，见表7-3。

表 7-3　全国煤炭资源勘查开发现状表　　　　　　（单位：万 t）

省（自治区、直辖市）	累计探获资源量	保有资源量	已利用资源储量		尚未利用资源量				
			勘探	非勘探	勘探资源量	详查资源量	普查资源量	预查资源量	合计
合计									

3. 编制方法

在"全国煤炭资源潜力评价"的基础上，依据收集最新的勘查开发最新成果，重新修编《全国煤炭资源勘查开发现状图》（1∶250 万）、编制《全国可供建井的煤炭资源分布图》（1∶250 万）。并将其修编为 1∶500 万可视性强、便于利用的图件。

（六）全国可供建井的煤炭资源分布图

1. 资料来源

同全国煤炭资源勘查开发现状图。

2. 编图的目的任务、要求及主要内容

目的任务：梳理全国煤炭资源潜力评价成果，收集整理 2009 年以来我国煤炭地质勘查成果，更新可供建井煤炭资源基础数据。

图件主要包括可供建井的煤炭资源分布等信息。

具体的地质及专题要素包含：主要成煤时代、煤炭资源分布情况、总资源量、可供建井的资源量、煤炭资源可供利用区、赋煤带名称及边界、矿区名称及边界、井田边界及名称。图面分色显示其范围，"属性"中隐含其名称、面积、资源/储量。

嵌表及嵌图：可供建井的煤炭资源量分布情况信息表。

3. 编制方法

在修编全国煤炭资源勘查开发现状图的基础上，仅体现勘探阶段资源区块名称及资源量，其他勘查开发现状统一颜色标识。

二、成图要求

(一) 工作依据及原则

以国家相关图件编制规范为依据，专题内容参照相关行业相应比例尺的国家标准图式图例，充分考虑整图效果的完美性。参照作业依据如下：

(1)《国家基本比例尺地图图式 第4部分：1∶250000、1∶500000、1∶1000000地形图图式》(GB/T 20257.4—2007)，地理底图参考相应比例尺地形图图式图例；

(2)《地质图用色标准及用色原则(1∶50000)》(DZ/T 0179—1997)；

(3)《区域地质图图例》(GB/T 958—2015)；

(4)《综合工程地质图图例及色标》(GB/T 12328—1990)；

(5)相关行业国家标准图式图例；

(6)基础地质图素参考相关行业标准、相应比例尺图式图例。

(二) 成图原则

保证地理坐标、地理内容、不同专题内容的正确性及规范化表示，在此基础上图面内容有层次地表示，保证专题信息完整、正确，突出重点信息。图面布局合理，符号、线条、颜色等搭配协调、清晰、易读，整体效果良好，图面内容和图例相一致，不得有错误、遗漏。

(三) 成图要求

1. 成图坐标系

各规划矿区分布在全国各地，经纬度跨度大，各省(自治区、直辖市)内矿区范围不同，比例尺、投影参数不统一。为编制全国图件，制定统一的比例尺及投影参数。

(1)比例尺采用1∶2500000。

(2)坐标系类型为"投影平面直角"。

(3)椭球参数为"西安80"。

(4)投影类型为"兰伯特等角圆锥投影坐标系"。

(5)第一标准纬度(DMS[①])：250000。

(6)第二标准纬度(DMS)：470000。

(7)中央子午线经度(DMS)：1100000。

(8)投影原点纬度(DMS)：140000。

(9)MAPGIS的数据文件主要有点(WT)、线(WL)、区(WP)和工程文件(MPJ)四种，各文件需按要求包含对应属性数据并附带系统库。①MAPGIS文件编辑采用统一的符号线型库及字库文件；②图件数据坐标位置为其相应比例尺的正确图纸坐标；③填写成果

---

① DMS表示度分秒格式。

图件编图说明表。

2. 图层划分

为了有效管理及利用空间数据，将一类图形要素或性质相近的一组图形要素的空间数据放在一个图层里，同一图层具有相同的属性结构，每个不同的图形要素分别存放在不同的文件。

按需求将图中各要素内容划分成为若干个图层。相同逻辑内容的空间信息一般放在一个图层之中。图层划分要适应 MAPGIS 软件功能特点，为相同的图层、图元类型建立相同的属性表和属性结构，方便管理及查询。

图件根据其内容可将图形要素分为地理要素、地质要素、其他要素等。每一类要素按具体内容细分出一系列图层，并按照一定的规则进行编号命名。

为保证不同矿区的图形信息及相应属性信息的独立性，防止图层名称重复出现，图层名称编码由编号及简称组成。

结合 MAPGIS 的特点以文件作为图层，表 7-4 中规定的图层名称即对应其点线面文件名称。

表 7-4　图层划分表

图类名称	图类代码	图层分类	图层号	MAPGIS 图层名称（文件名）	表达内容
基本地理	L	坐标	0	坐标子图.wt	坐标网子图
			0	坐标网.wl	公里网及经纬网
			0	坐标注释.wt	坐标注释
		水系	2	水系.wt	水系子图
			2	水系.wl	线状水系，如小的常年水系
			2	水系.wp	区状水系，如河流、湖泊、大的水库等
			2	水系注释.wt	水系注释
		交通	3	交通.wt	交通子图
			3	交通.wl	铁路、公路
			3	交通注释.wt	交通注释
		居民地	4	居民地子图.wt	各级行政区驻地及地名子图
			4	居民地边界.wl	居民地边界
			4	居民地.wp	居民区
			4	居民地注释.wt	各级行政区驻地及地名注释
		境界	1	境界.wt	境界子图
			1	境界.wl	国家、省（自治区、直辖市）、市、县界线
			1	境界注释.wt	境界注释

图类名称	图类代码	图层分类	图层号	MAPGIS 图层名称（文件名）	表达内容
基础地质	D	地层	10	地层符号.wt	地层符号子图
			10	地层界线.wl	地层界线
			10	地层.wp	地层色
			10	地层注释.wt	地层注释
		构造	12	构造子图.wt	断裂、褶皱符号子图
			12	构造.wl	断裂、褶皱
			12	构造注释.wt	断裂、褶皱注释
		产状	12	产状子图.wt	产状符号子图
			12	产状注释.wt	产状注释
专题图层	Z	煤类分布	15	煤类子图.wt	煤类子图
			15	煤类界线.wl	煤类界线
			15	煤类注释.wt	注释
			15	煤类分布.wp	煤类分布区
		清洁用煤类型	15	清洁用煤类型子图.wt	煤类子图
			15	清洁用煤类型界线.wl.	煤类分界线
			15	清洁用煤类型注释.wt	注释
		煤质等值线	15	煤质.wt	煤质指标
			15	煤质等值线.wl	煤质等值线
			15	煤质等值线.wt	等值线标注
		钻孔及矿点	15	钻孔子图.wt	子图
			15	钻孔注释.wt	注释
		矿区、井田边界	17	矿区.wt	矿区注释
			17	矿区.wl	矿区、井田边界
图面修饰	X	图面修饰	0	图饰.wt	图名及比例尺子图
			0	图饰.wp	覆盖区、修饰区界线、图框、比例尺
			0	图饰.wl	图面空白覆盖区及省(区)界修饰区
			0	图饰.wt	图名及比例尺注释
嵌图	Q	嵌图	6	嵌图.msi	嵌图子图
			6	嵌图.wt	嵌图注释
嵌表	B	嵌表	6	嵌表.wp	嵌表区文件
			6	嵌表.wl	嵌表线文件
			6	嵌表.wt	嵌表注释

续表

图类名称	图类代码	图层分类	图层号	MAPGIS 图层名称（文件名）	表达内容
责任签	R	责任签	0	责任表.wp	包括单位、图名、比例尺等信息
			0	责任表.wl	责任签框线
			0	责任表.wt	包括单位、图名、比例尺等信息注释
图例	T	图例	0	图例.wp	图例区文件
			0	图例.wl	图例线
			0	图例子图.wt	图例子图
			0	图例.wt	图例注释

3. 图形参数

1）地理底图

根据各规划矿区的不同成图范围，选用合适的成图比例尺编制地理底图，地理要素在其相应比例尺地形图编制规范的基础上适当简化。主要内容包括：县级以上居民地（乡镇视图面内容按情况取舍）；四级以上道路、铁路；四级以上水系、湖泊；山脉；县级行政区划及注记。为保证图面内容清晰美观，地理要素线宽及注记大小可采用同比例尺地形图规范缩小 80%规格整饰表示。

地名注记：字体用宋体，字高为同等比例尺线划地形图的 80%至 1 倍。居民地、山脉的字体为黑色、河流与湖泊为蓝色。地名注记点密度为图上每 100cm^2 内注记的地名不应超过 5 个。

道路按高速公路、国道、省道、普通公路四级进行整饰。铁路不区分单线或复线，也不区分一般铁路和电气化铁路。

水系应包括单线河、双线河、湖泊边界、水库边界等要素。

行政区划界限按照国界、省界（自治区、直辖市）、地区界、县界、四级行政区划级别表示。

2）地质要素编制

地质要素内容采用点、线、面分层叠置表示。各要素线宽、线型、符号及颜色参照《区域地质图图例》(GB/T 958—2015)地质构造图例。各地层用色（地质区文件色）参照《地质图用色标准及用色原则（1∶50000）》(DZ/T 0179—1997)。

地层：原则上表示到组，图面负担过重可适当合并，过小的区域可不表示。

构造：采用红色，褶皱采用一般地质图上使用原则表示（同一褶皱轴线线宽一致）。

3）专题数据编制

2016 年编制的全国图件有全国煤炭资源勘查开发现状图、全国可供建井的煤炭资源分布图、全国煤系主要共伴生矿产资源（锂、锗、镓等）分布图、全国清洁用煤资源分布概略图，要求编制图件以地理、地质为底图，添加煤类、煤质等专题内容，具体内容如下：

矿区边界、煤田边界及其名称，字体为黑体，字体大小使用同比例尺地形图地名注记的 1.5～2 倍。矿区边界线宽为 0.30mm，颜色为黑色。

钻孔、探矿点子图大小 3mm；钻孔注释，宋体，字高 3mm；煤层厚度注释，宋体，字高 3mm。

主要巷道线宽 0.10mm，黑色，巷道不区分岩巷，煤巷等如图面负担过重，可适当删减。

煤质等值线选用橙色，底板等高线线宽 0.10mm，等高线标注 2.5mm。

资源量标识注释大小 3.5mm。

煤类分布图中包含的图形要素包括底板等高线，煤类分界线以蓝色（K:0　C:100　M:100　Y:0）实线表示（K 表示黑色，C 表示青色，M 表示品红色，Y 表示黄色），线宽 0.35mm；煤质等值线图中，煤质指标等值线以绿色（K:0　C:100　M: 0　Y:100）实线表示，线宽 0.15mm；煤类分布图中，煤类分界线以品红色（K:0　C:0　M: 100　Y:0）实线表示，线宽 0.35mm。

第二节　矿区煤质特征系列图件

一、矿区煤质特征成图内容

（一）矿区清洁用煤调查实际材料图

1. 主要数据来源

编制重点调查矿区采样分布图，规划矿区范围依据国家发展和改革委员会批准的规划矿区范围及边界、煤类及煤炭资源分布情况采用第三次全国煤田预测资料或者采用规划矿区煤炭资源分布图，采样点的位置数据来源于重点矿区清洁用煤野外或者井下采样记录。

2. 主要图件要素

地理要素：道路、铁路、四级以上水系、省界县界、主要的地名。

图饰要素：图框、坐标格网、图名、比例尺、责任栏、图例。

地质要素：规划矿区范围、井田名称及范围。

专题要素：开展矿井地质调查的标注调查线路、采样点位置及编号；开展专项地质调查的标注调查范围、采样位置及编号、调查及采样情况简介等。

（二）矿区清洁用煤地质调查成果图

主要反映调查矿区以往的煤炭地质勘查程度及煤岩煤质基本特征，所有开展清洁用煤矿井地质调查和专项地质调查工作的矿区都要编制清洁用煤调查成果图。

1. 主要数据来源

规划矿区范围依据国家发展和改革委员会批准的规划矿区范围及边界，煤类及煤炭资源分布情况采用第三次全国煤田预测资料或者采用规划矿区煤炭资源分布图，通过资料整理、重点矿区井田调查汇总调查区清洁用煤煤质基本情况、各个井田的勘查程度。

2. 主要图件要素

地理要素：道路、铁路、四级以上水系、省界县界、主要的地名。

图饰要素：图框、坐标格网、图名、比例尺、责任栏、图例。

地质要素：规划矿区范围、井田名称及范围、主采煤层分布范围。

专题要素：列表表示每个井田的名称、含煤地层、含煤性、主采煤层、煤类、主要煤质指标范围(挥发分、氢碳原子比、镜质组最大反射率、灰分、硫分)、资源量、勘查程度、资料来源、专项地质调查成果简介。

(三)矿区 X 号煤层挥发分、氢碳原子比、灰分、硫分等值线图

1. 主要数据来源

在调查矿区编制主采煤层挥发分、氢碳原子比、灰分、硫分等值线分布图，包括专项地质调查和矿井地质调查矿区。规划矿区范围依据国家发展和改革委员会批准的规划矿区范围及边界；煤类及煤炭资源分布情况采用第三次全国煤田预测资料或者采用规划矿区煤炭资源分布图；通过收集煤岩煤质资料整理、野外调查采样化验成果编制主采煤层挥发分(浮煤)等值线分布图，有多层主采煤层的分别编制。

2. 主要图件要素

地理要素：道路、铁路、四级以上水系、省界县界、主要的地名。

图饰要素：图框、坐标格网、图名、比例尺、责任栏、图例。

地质要素：规划矿区范围、井田名称及范围、主采煤层分布范围。

专题要素：挥发分(浮煤)等值线、调查矿区主要挥发分范围及基本特征简介。以挥发分 35%为界(液化用煤对挥发分的要求)，按照 1%或 2%⋯⋯的间距(以反映变化趋势为原则，特殊情况取值间隔可以大于 2，但必须小于 5)画出不同数值的等值线，并对主要等值线的数值进行标注。35%的界线用加粗线表示。等值线分区颜色以蓝色调为准进行划分。有镜质组最大反射率数据的要标注镜质组最大反射率数值，原则上每个井田标注至少一个数值，有条件画出镜质组最大反射率等值线的用不同颜色画出相应的等值线分布图。

氢碳原子比等值线(干燥无灰基)、镜质组最大反射率基本情况简介。H/C 等值线(干燥无灰基)按照 0.01 或 0.02 或 0.05⋯⋯的间距(以图面美观为原则)画出不同数值的等值线，并对主要等值线的数值进行标注。0.70、0.75 的界线用加粗线表示。镜质组最大反射率的数值采用散点形式按照地理坐标标注于图上。等值线分区颜色以绿色调为准进行

划分。

原煤灰分等值线、主采煤层灰分范围及基本特征简介。灰分等值线按照 2%或 5%的间距(以图面美观为原则)画出不同数值的等值线,并对主要等值线的数值进行标注。8%、10%、12%、25%、35%的界线用加粗线表示。等值线分区颜色以灰偏红色调为准进行划分。

硫分等值线、主采煤层硫分分布范围及基本情况简介。硫分按照 0.25%或 0.5%的间距(以图面美观为原则)画出不同数值的等值线,并对主要等值线的数值进行标注。0.5%、0.75%、1%、1.25%的界线用加粗线表示。等值线分区颜色以黄色调为准进行划分。

(四)矿区清洁用煤资源评价图

1. 主要数据来源

根据煤质主要指标分布特征及清洁用煤评价指标划定清洁用煤的分布范围及特殊用途。规划矿区范围依据国家发展和改革委员会批准的规划矿区范围及边界;资源量依据矿区主采煤层资源量估算图进行分割、统计,有多层主采煤层的分别编制。

2. 主要图件要素

地理要素:道路、铁路、四级以上水系、省界县界、主要的地名。
图饰要素:图框、坐标格网、图名、比例尺、责任栏、图例。
地质要素:规划矿区范围、井田名称及范围、主采煤层分布范围。
专题要素:清洁用煤资源分布范围及资源量、主采煤层清洁用煤划分及资源量分布情况。液化用煤用绿色调表示,气化用煤用蓝色调表示,焦化用煤用红色调表示。不同的清洁用煤之间用红色加粗断线划分。不属于清洁用煤的区域表示为浅黄色。

二、成图要求

(一)成图坐标系

由于中国地质调查局要求 2018 年以后统一按照国家要求采用 2000 坐标系,故建议2017 年开始成图采用 2000 坐标系。
坐标系类型:投影平面直角坐标系。
椭球参数:2000 坐标系。
投影方式:"高斯克吕格(横切椭圆柱等角)投影"。
采用 6 度分带投影坐标,根据地区选择中央经线进行投影。

(二)成图比例

图幅大小:重点矿区的调查要求以 1∶25 万的比例尺开展,最终图件以 A3 图幅大小(420mm×297mm)为准选择合适的出图比例(1∶5 万~1∶25 万),同时保证图面文字清晰、井田和矿区图上大小适中。

（三）图形参数

1. 图面版式

图面排列要求：以横版 A3 图幅为例，上页边距 20mm，下页边距 20mm，左页边距 35mm（装订侧），右页边距 20mm。图框与文字说明间隔 10mm，文字说明框宽度 70mm。制图单位统一为中国煤炭地质总局，放置于图面坐标网右下侧，责任栏放置于文字说明框最下方右侧。

如果矿区不规则且较大，可以选择合适比例以横版或者竖版放置于 A3 图幅中；如果图件仍然超过 A3 图幅尺寸，则可以保证图幅高度不超过（297–20–20）mm 的情况下加长图幅，图册装订时可以把过长图幅折叠为 A3 大小装订。

2. 地理底图要素

要素包括：地名［主要地名、省（自治区、直辖市）、县］、省界县界、公路、铁路、水系。注意图中的地理要素要保持形状、注释完整，特别是水系、公路等，整个图幅都必须要完整显示。具体要求见表 7-5 和表 7-6。

表 7-5　地理底图点要素图形参数

点要素	注释			子图		
	字体	宽/mm	高/mm	图号	高度/mm	宽度/mm
省（自治区、直辖市）名	1	6	6	—	—	—
市县级地名	1	3.5	3.5	18	2	2
乡镇级地名	1	3	3	20	2	2
水系（左斜）	1	3	3	—	—	—

表 7-6　地理底图线要素图形参数

线要素	线型	线颜色	线宽/mm	X 系数	Y 系数	辅助线型	辅助颜色
水系	1	2	0.1	20	0.8	0	0
道路	1	4	1.1	0	0	0	0
铁路	1	547	0.8	0	0	0	0
省界	4	1	0.35	4.2	10	2	0

3. 图饰要素

要素包括图框、坐标网、图名、比例尺、责任栏、图例等，具体要求如下。

图例：图例大小为 9mm×5mm 方框，"图例"两个字高度 5mm、宽度 5mm，注释间隔 2，汉字字体 3。图例方框为折线，线型 1、颜色 1、X 系数 10、Y 系数 10。图中出现的图元符号图例中必须有相应的图例，否则删除相应的图例。

图名：图名位于图框内空白处，字体3号、高8mm、宽8mm、间隔2mm、颜色1。

比例尺：线型比例尺位于图名下方，为折线、线型1、线宽0.1mm、X系数10、Y系数10；汉字字体为宋体、高3mm、宽3mm、颜色1。数字比例尺汉字字体为宋体、高3.5mm、宽3.5mm、颜色1。为了保证明确制图比例尺，暂定图中图示出现线条比例尺和数字比例尺，正式出版图册时再依据其要求删除数字比例尺。

图框：内框折线、线型1、颜色1、线宽0.3mm、X系数10、Y系数10；外框折线、线型1、颜色1、线宽0.6mm、X系数10、Y系数10；内框外框间距5mm。

坐标格网及标注：坐标网格线为折线、线型1、颜色1、线宽0.08mm、X系数10、Y系数10，坐标网格间距一般为10km或者5km。坐标标注于图框内框外框之间，字体宋体、高4mm、宽3mm、颜色1。图中坐标网要求矿区范围内保留左边网格线，矿区外的删除。

编图单位：字体3号、高4mm、宽4mm、间隔0.5mm、颜色1。

责任栏：第一列宽12mm，第二列宽15.5mm，第三列宽12mm，第四列宽15.5cm，总宽55mm；第一行高7.5mm，第二行高5mm，后五行高4mm，总高32.5mm。图名字体黑体，高3mm、宽2.5mm、颜色1，其他字体宋体、高3mm、宽2.5mm、颜色1。外框线折线、线型1、颜色1、线宽0.2mm、X系数10、Y系数10；内部网线折线、线型1、颜色1、线宽0.1mm、X系数10、Y系数10。图号按照矿区名称第一个字母的大写加顺序号进行排序，单位统一填写中国煤炭地质总局。

图件内容简介：放置于图件文字说明框内，主要介绍矿区基本地质、含煤特征，对应专题图件的内容介绍对应的指标分布情况及规律。字体宋体高度4mm、宽度4mm、横向间隔0.5mm、纵向间隔2mm、颜色1。

4. 地质要素

要素包括：矿区范围、井田范围、井田名称，具体如下所述。

矿区范围：矿区范围折线、线型678、颜色1、线宽0.3mm、X系数20、Y系数10。

井田范围：井田范围折线、线型552、颜色1、线宽0.15mm、X系数20、Y系数20。

井田名称：字体黑体，高3mm、宽3mm、间隔根据实际情况决定、颜色5，井田名称要根据井田边界的形状按照一定的规律摆放于井田范围之内。

5. 实际材料图专题要素

专题要素包括矿井地质调查线路或者专项地质调查范围、采样点及编号。具体要求如下所述。

矿井地质调查线路：线型折线、线型1、颜色6、线宽0.3mm、X系数10、Y系数10。

矿井地质调查点：子图号34、高度1mm、宽度1mm、颜色6。

专项地质调查范围：用区表示，填充颜色9、图案25、高度4mm、宽度4mm、图案颜色5。

采样点：采样点位置子图编号 245、高度 1.5mm、宽度 1.5mm、颜色 1。

采样点编号：字体宋体、高度 3mm、宽度 3mm、颜色 1。

6. 地质调查成果图专题要素

专题要素包括各井田勘查程度、各井田煤质基本情况表。具体要求如下所述。

勘查程度：以区文件表示于每个井田。普查颜色 4233，详查颜色 4232，勘探颜色 4231，生产矿井颜色 4236。

煤质基本情况表：以表格形式表示，放置于每个井田范围内，井田范围内放不下的用引线标出。煤质基本情况包括井田名称；含煤地层；主采煤层编号；主要煤类；保有资源量（万 t）；挥发分（%）；$R_{o,max}$；H/C 原子比；灰分（%）；硫分（%）；资源量数据来源（报告名称，提交时间），资源量用万吨表示。表格行高 5mm，列宽根据字数调整（每列最宽不超过 20mm），字体 2 号、高度 2.75mm、宽度 2.75mm、颜色 1。

7. 挥发分、H/C 原子比、灰分、硫分等值线图专题要素

专题要素主要为挥发分等值线、挥发分标注、挥发分填充区、适当标注镜质组最大反射率数据；H/C 原子比等值线、H/C 原子比标注、H/C 原子比填充区；灰分等值线、灰分等值线标注、灰分填充区；硫分等值线、硫分等值线标注、硫分填充区。

等值线：等值线折线、线型 1、颜色 255、线宽 0.1mm、X 系数 10、Y 系数 10。关键数值等值线折线、线型 1、颜色 255、线宽 0.25mm、X 系数 10、Y 系数 10。

标注：每一条等值线上需要标注数值，字体宋体、高度 2mm、宽度 2mm、颜色 1。标注方向应当垂直于等值线走势，把等值线打断后标注于线之间，注意图面标注要稀疏适中，以图面美观为准。

填充区：挥发分等值线间用蓝色填充，挥发分大于 35% 以 2122 号颜色为基准向上向下分别以 2% 增加或者减小。大于 35% 颜色 2122，34%～35% 颜色 2120，33%～34% 颜色 2118，32%～33% 颜色 2116，31%～32% 颜色 2114，30%～31% 颜色 2112，29%～30% 颜色 2111，20%～29% 颜色 2110。

镜质组最大反射率采样位置：子图号为 48、高度 0.5mm、宽度 0.5mm、颜色 6。

镜质组最大反射率标注：高度 2mm、宽度 2mm、字体 1、颜色 6。

H/C 原子比等值线间用绿色填充，H/C 原子比大于 0.75 以 3668 号颜色为基准向上向下分别每隔 0.2 增大或者减小 2 个颜色。

灰分等值线间用灰色填充，灰分小于 8% 颜色 1666、灰分 8%～12% 颜色 1672、灰分 12%～16% 颜色 1678、灰分 16%～20% 颜色 1684、灰分 20%～24% 颜色 1690、灰分 24%～28% 颜色 1696、灰分大于 28% 颜色 1702。

硫分等值线间用黄色填充，硫分小于 0.5% 颜色 2081、0.50%～1.00% 颜色 2083、1.00%～1.50% 颜色 2085、1.50%～2.00% 颜色 2087、2.00%～2.50% 颜色 2090、2.50%～3.00% 颜色 2091、硫分大于 3.00% 颜色 2092。

8. 清洁用煤资源评价图专题要素

专题要素主要为某个主采煤层的清洁用煤分布区、清洁用煤资源量、可利用程度、资源潜力评价结果表。

清洁用煤分布区：根据评价指标叠加圈定清洁用煤某个煤层资源分布区，零星分布且邻近的分布范围可以人工干预合并为一个块段，不同的清洁用煤块段之间用加粗线型划分，线型 1、颜色 255、线宽 0.25mm、X 系数 10、Y 系数 10。

(1)一级焦化用煤分布区颜色编号为 1257。

(2)二级焦化用煤分布区颜色编号为 1259。

(3)一级液化用煤分布区颜色编号为 86。

(4)二级液化用煤分布区颜色编号为 84。

(5)加压固定床一级气化用煤分布区颜色编号为 36。

(6)加压固定床二级气化用煤分布区颜色编号为 35。

(7)常压固定床一级气化用煤分布区颜色编号为 34。

(8)常压固定床二级气化用煤分布区颜色编号为 32。

(9)水煤浆气流床一级气化用煤分布区颜色编号为 65。

(10)水煤浆气流床二级气化用煤分布区颜色编号为 64。

(11)干煤粉气流床一级气化用煤分布区颜色编号为 63。

(12)干煤粉气流床二级气化用煤分布区颜色编号为 61。

(13)流化床一级气化用煤分布区颜色编号为 204。

(14)流化床二级气化用煤分布区颜色编号为 202。

(15)不属于清洁用煤的区域(其他用煤)颜色编号为 510。

清洁用煤资源量：为了清楚地标注每个井田所评价煤层的清洁用煤资源量，每个井田根据清洁用煤块段分别标注资源量。

资源量用以下方式表示：直径 20mm，外圈线型 1、颜色 1、线宽 0.15mm、X 系数 10、Y 系数 10；内部线型 1、颜色 1、线宽 0.1mm、X 系数 10、Y 系数 10；字体宋体、高度 3mm、宽度 3mm、颜色 1。其中，清洁用煤类型按照项目制定的清洁用煤评价指标中规定的类型，主要煤类用英文字母表示，保有资源量用亿吨表示，保留两位小数(不采用四舍五入，只取小数点后两位)。需要注意的是表格中资源量用万吨表示。

可利用程度：勘查开发程度叠加在清洁用煤资源评价图上显示，其中已利用的包括生产矿井、在建矿井；填充颜色 9、图案 25、高度 3mm、宽度 3mm、图案颜色 162；达到可利用程度包括勘查程度为勘探、详查最终勘探、普查最终勘探的井田，填充颜色 9、图案 2、高度 3mm、宽度 3mm、图案颜色 162；未达到可利用程度的包括勘查程度为预查、普查、详查的井田，填充颜色 9、图案 1229、高度 3mm、宽度 3mm、图案颜色 162。

资源潜力评价结果表放置于图面空白处。第一列为井田名称；第二列为清洁用煤类型；第三列为 5 号煤资源量(万 t)；第四列为总资源量(万 t)。字体 1、高度 3mm、宽度 3mm、颜色 1。

（四）成果图件提交

每个矿区的所有图件放于同一个文件夹，文件命名按照图名命名，系统库采用项目专用 MAPGIS 系统库。具体命名如下：

(1) XX 矿区清洁用煤调查实际材料图。

(2) XX 矿区清洁用煤调地质调查成果图。

(3) XX 矿区 X 号煤层挥发分等值线分布图。

(4) XX 矿区 X 号煤层 H/C 原子比等值线分布图。

(5) XX 矿区 X 号煤层灰分等值线分布图。

(6) XX 矿区 X 号煤层硫分等值线分布图。

(7) XX 矿区清洁用煤资源评价图。

每一个专题图件文件夹中包含一个工程文件、一个 JPG 文件、一个地理底图文件夹、一个图饰文件夹、一个地质文件夹、一个专题要素文件夹。专题文件夹中文件根据专题图件的不同而不同。

需要注意的是，一个矿区不同的专题图件地理要素、图框、比例尺、坐标网等需要保持一致。

参 考 文 献

步学朋, 任相坤, 崔永君. 2009. 煤炭气化技术对煤质的选择及适应性[J]. 神华科技, 7(5): 6.

陈家仁. 2007. 煤炭气化的理论与实践[M]. 北京: 煤炭工业出版社.

陈鹏. 1997. 动力煤配煤技术基础[J]. 煤炭学报, 22(5): 449-454.

陈鹏. 2006. 中国煤炭性质、分类和利用[M]. 北京: 化学工业出版社.

程万国, 杨贵启, 庄林生, 等. 2000. 无烟煤配煤炼焦的应用[J]. 煤质技术, 2: 16-18, 23.

褚晓亮, 苗阳, 付玉玲, 等. 2014. 流化床气化技术在我国的应用现状及发展前景[J]. 化学工程师, (1): 50-52.

崔国星, 牛玉, 林敏穗. 2013. 助熔剂对型煤灰熔融特征温度的影响[J]. 过程工程学报, 13(1): 88-93.

崔洪江, 刘文波, 徐显贺. 2002. 应用不粘煤配煤炼焦[J]. 燃料与化工, 33(1): 4-6.

代世峰, 任德贻. 1996. 用煤岩学观点评价乌达矿区煤的可选性[J]. 洁净煤技术, (4): 30-32.

戴和武, 李瑞, 李连仲, 等. 1997. 我国动力煤利用的若干问题[J]. 中国煤炭, 23(9): 11-15.

高磊, 张淑炜, 胡俊玲. 2002. 掺用无烟煤炼焦的研究[J]. 贵州化工, 27(4): 1-4.

高丽. 2010. 德士古水煤浆加压气化技术的应用[J]. 煤炭技术, 29(7): 2.

郭森荣. 2014. 流化床气化技术对煤质的要求[J]. 大氮肥, 37(3): 145-152.

韩永霞, 杨俊和, 钱湛芬, 等. 2000. 无烟煤配煤炼焦试验[J]. 燃料与化工, 31(2): 64-66.

贺根良, 门长贵. 2007. 气流床气化炉操作温度的探讨[J]. 煤化工, 35(4): 4.

侯波, 庞厚芳, 渐玉芬. 2010. 兖矿鲁化煤气化技术的应用与研发[J]. 山东化工, 40(5): 4.

胡德生, 吴信慈, 戴朝发. 2000. 宝钢焦炭强度预测和配煤煤质控制[J]. 宝钢技术, (3): 30-34.

黄慕杰. 1997. 某些天然矿物质对煤液化催化加氢活性的研究[J]. 洁净煤技术, 3(4): 26-30.

姜从斌, 朱玉营. 2014. 航天炉运行现状及煤种适应性分析[J]. 煤炭加工与综合利用, 14(10): 6.

蒋立翔. 2008. 煤质对煤液化效果的影响分析[J]. 煤化工, (5): 46-49.

井云环. 2011. 灰分对德士古气化炉运行的影响[J]. 石油化工应用, 30(9): 2.

井云环, 吴越, 张劲松. 2013. 神华宁夏煤化工基地3种气化技术对比[J]. 煤炭科学技术, 41(S2): 390-393, 395.

孔祥东, 陶莉莉, 钟伟民, 等. 2013. 煤质组成对水煤浆气流床气化炉性能的影响[J]. 浙江大学学报, 47(9): 1685-1689.

李春林. 1995. 回归分析在煤质分析中的应用[J]. 徐煤科技, (1): 34, 35.

李刚, 凌开成. 2008. 煤的结构对直接液化反应性影响的分析[J]. 洁净煤技术, 14(4): 35-39.

李磊, 路文学. 2011. 气化对煤质的要求[J]. 燃料与化工, 42(2): 4-6.

李文华, 姜利. 1997. 动力配煤技术的现状及发展[J]. 中国煤炭, 23(7): 13-17.

李荫重, 李文华, 余洁, 等. 1997. 动力配煤燃烧性能的探讨[J]. 煤炭科学技术, 25(8): 38-41.

刘兵, 田靖. 2013. 煤质气流床煤气化的影响研究[J]. 化工进展, 31(10): 2191-2196.

刘建清, 孟繁英. 2002. 包钢炼焦用煤及焦炭质量[J]. 内蒙古科技与经济, (12): 197-199.

马乐波, 焦洪桥. 2010. Texaco、GSP两种煤气化工艺在神华宁煤的应用分析[J]. 煤化工, (1): 4.

马宁. 2013. 降低气化用煤的灰熔点问题研究[J]. 化工技术与开发, 42(7): 2.

欧阳曙光, 周学鹰, 戴中蜀, 等. 2003. 炼焦用煤质量综合评价模型[J]. 武汉科技大学学报, 26(2): 129-131.

潘贵雄. 1994. 炼焦用煤的水分控制与管理[J]. 煤化工, (4): 36-41.

潘强, 杨红波, 任淑荣. 2009. 宁东矿区煤质与气化技术的匹配性研究[J]. 洁净煤技术, 18(2): 3.

钱纳新, 杨建旗. 2001. 古交地区煤的粘结指数与灰分的关系[J]. 西山科技, (4): 15, 16.

邱峰, 张娜. 2011. 浅谈煤气化技术及其用煤的选择[J]. 现代化工, 30(2): 4.

邱建荣, 马毓义, 曾汉才. 1994. 混煤的结渣特性及煤质结渣程度评判[J]. 热能动力工程, 1: 3-9.

阮伟, 刘建忠, 虞育杰, 等. 2012. 煤质特性与配煤对成浆性的影响[J]. 动力工程学报, 32(2): 6.

申凤山. 2013. 浅析煤种、煤质对气化的影响[J]. 化工技术与开发, 42(7): 36, 37, 41.

申明新. 2006. 中国炼焦煤的资源与利用[M]. 北京: 化学工业出版社.

盛建文, 王鑫海, 江中砥. 2002. 添加无烟煤配煤的试验[J]. 燃料与化工, 33 (5): 229-232.

唐煜, 王彦海, 贺百廷, 等. 2014. 粉煤和水煤浆气化技术比选的煤质适应性分析[J]. 化工进展, (S1): 5.

童维风. 2014. 浅析煤质对航天炉运行的影响[J]. 中氮肥, (3): 3.

王利斌, 陈明波, 曲思建, 等. 2003. 添加无烟煤捣固法配煤炼焦研究[J]. 煤质技术, 3: 36-38.

王生维, 李思田. 1996. 抚顺长焰煤的液化性能研究[J]. 煤炭转化, 19 (4): 79-84.

王艳柳, 张晓慧. 2009. 煤灰熔融性对气化用煤的影响[J]. 煤质技术, 4: 4.

王燕芳, 高晋生, 吴春来. 2001. 煤阶对无烟煤型焦质量的影响[J]. 煤炭转化, 24 (1): 66-70.

王洋. 2005. 中国高灰、高硫、高灰熔融性温度煤的灰熔聚流化床气化[J]. 煤化工, (2): 2-5.

王元顺, 李明富, 王文军. 2002. 无烟煤配煤炼焦试验与可行性[J]. 煤质技术, 4: 30, 31, 34.

吴春来, 金嘉璐. 2002. 煤炭直接液化技术及其产业化前景[J]. 中国煤炭, 28 (11): 35-38.

吴宽鸿, 刘淑云, 张道连, 等. 2002. 关于煤炭硫分分级的探讨[J]. 洁净煤技术, 8 (2): 55-57.

吴秀章, 吴国祥, 赵宗凯. 2012. 低灰熔融性神华煤干煤粉气化[J]. 洁净煤技术, 18 (4): 5.

吴秀章, 舒歌平, 李克健, 等. 2015. 煤炭直接液化工艺与工程[M]. 北京: 科学出版社.

邢荔波. 2016. 煤质对水煤浆加压气化炉操作性能的影响探析[J]. 煤质技术, (1): 5.

修淑云, 刘奕斌, 曹长武. 2002. 煤质验收中对挥发分等其它特性指标的约定与评价[J]. 电力标准化与计量, 4: 13-16.

闫波, 陈鹏程, 石连伟, 等. 2014. GSP 气化炉水冷壁挂渣影响因素探究[J]. 化肥工业, 14 (5): 69-71.

杨松君, 陈怀珍. 1999. 动力煤利用技术[M]. 北京: 中国标准出版杜.

杨秀敏. 2004. 浅谈液化煤的要求[J]. 煤炭技术, 23 (6): 6-8.

叶元樵. 2002. 用无烟煤代替瘦煤配煤炼焦的实践[J]. 福建能源开发与节约, 2: 35, 36.

尤玲, 陈新. 1998. 谈煤炭产品灰分与发热量的线性关系[J]. 煤炭技术, (2): 36, 37.

于遵宏, 王辅臣, 等. 2010. 煤炭气化技术[M]. 北京: 化学工业出版社.

袁三畏. 1999. 中国煤质论评[M]. 北京: 煤炭工业出版社.

苑卫军, 赵伟. 2013. 常压固定床气化用煤灰熔融性温度指标的界定[J]. 煤化工, (3): 35-38.

张东亮, 许世森. 2001. 煤气化技术的发展及在 IGCC 中的应用[J]. 煤化工, 1: 10-14.

张继臻, 种学峰. 2002. 煤质对 Texaco 气化装置运行的影响及其选择[J]. 化肥工业, 29 (3): 3-7, 60.

张继臻, 马运志, 杨军. 2002. Texaco 装置对煤质选择适应的实例分析[J]. 煤化工, 30 (3): 6.

张连明. 2010. 原料煤对流化床气化的影响[J]. 辽宁化工, 39 (11): 1172, 1173.

张涛, 李耀. 2015. 气流床热壁炉与冷壁炉对原料煤的适应性浅析[J]. 化肥工业, 42 (6): 3.

张银元, 赵景联. 2001. 煤直接液化技术的研究与开发[J]. 山西煤炭, 21 (2): 32-36.

张永贵. 2003. 劣质煤液化技术及其经济评价[J]. 煤化工, 5: 16-19.

张玉卓. 2004. 神华集团的煤炭洁净转化战略[J]. 中国煤炭, 30 (4): 5-8.

诸葛杰源, 汤吉祥. 2014. 煤质变化对壳牌粉煤气化工艺的影响[J]. 企业技术开发, 33 (24): 169, 170.

Cookson D J , Smith B E. 1992. Observed and predicted properties of jet and diesel fuels formulated from coal liquefaction and Fischer-Tropsch feedstocks[J]. Energy & Fuels, 6 (5): 581-585.